Python 网络爬虫技术与应用

邓 维　李 贝　汤小洋　主　编
康毅滨　林海玉　刘燕秋
林建雄　刘庆胜　钟晓颖　副主编

清华大学出版社
北京

内容简介

网络爬虫技术的重点之一是网络爬虫框架，因此本书结合网络爬虫框架的相关案例重点介绍网络爬虫的常见框架，包括 PySpider 网络爬虫框架的安装和使用，Scrapy 网络爬虫框架的安装和使用，以及 Scrapy 网络爬虫管理与部署。另外，本书对 Python 网络爬虫开发需要的 reguests 库、Scrapy 解析库、存储库、XPath 进行了介绍，并介绍了 requests 库、正则表达式、XPath 等的使用方法，还重点讲解了这些库的实际应用。

本书以 Python 网络爬虫开发为主线，兼顾理论与实战，全面介绍可操作的 Python 环境与系统开发相关知识，以及大数据算法、大数据分析、大数据系统互补的作用。另外，本书还赠送课程大纲、教学课件PPT、实验手册、各章习题及答案、期末试卷及答案、教学和实验视频，方便教师授课。

本书可作为高等院校大数据、计算机、电子信息、软件技术相关专业研究生和高年级本科生的教材，也可作为大数据及编程爱好者的参考用书。

本书封面贴有清华大学出版社防伪标签，无标签者不得销售。

版权所有，侵权必究。举报：010-62782989，beiqinquan@tup.tsinghua.edu.cn。

图书在版编目（CIP）数据

Python 网络爬虫技术与应用/邓维，李贝，汤小洋主编. —北京：清华大学出版社，2022.6（2024.7重印）
ISBN 978-7-302-60749-6

Ⅰ. ①P… Ⅱ. ①邓… ②李… ③汤… Ⅲ. ①软件工具—程序设计 Ⅳ. ①TP311.561

中国版本图书馆 CIP 数据核字（2022）第 075910 号

责任编辑：张　敏
封面设计：郭二鹏
责任校对：胡伟民
责任印制：宋　林

出版发行：清华大学出版社
网　　址：https://www.tup.com.cn, https://www.wqxuetang.com
地　　址：北京清华大学学研大厦 A 座　　邮　编：100084
社 总 机：010-83470000　　邮　购：010-62786544
投稿与读者服务：010-62776969，c-service@tup.tsinghua.edu.cn
质 量 反 馈：010-62772015，zhiliang@tup.tsinghua.edu.cn
课 件 下 载：http://www.tup.com.cn, 010-83470236

印 装 者：北京鑫海金澳胶印有限公司
经　　销：全国新华书店
开　　本：185mm×260mm　　印　张：13.75　　字　数：375 千字
版　　次：2022 年 8 月第 1 版　　印　次：2024 年 7 月第 4 次印刷
定　　价：69.80 元

产品编号：097658-01

前言
PREFACE

网络爬虫，也被称为网络机器人，能够帮助并取代在互联网上自动收集和组织数据的人。在大数据时代，信息收集是一项重要的任务，例如在搜索引擎中抓取和收集网站，在数据分析和挖掘中收集数据，在财务分析中收集财务数据。如果仅仅依靠人力资源来收集信息，不仅效率低下、操作烦琐，还会增加信息收集的成本。此时，可以使用网络爬虫来自动收集数据和信息。此外，Web 爬虫还可以应用于舆情监测与分析、目标客户数据收集等领域。

使用 Python 是爬虫的最佳方式，因为它对初学者更友好，且原理简单，通过几行代码就可以实现基本的爬虫，其学习过程更流畅，能让学习者感受到更大的成就感。

在掌握基本的爬虫程序之后，学生将更加熟悉 Python 数据分析、Web 开发，甚至机器学习。在此过程中，学生将熟悉基本的 Python 语法、库的使用以及如何查找文档。

本书内容

本书全面系统地讲解 Python 网络爬虫的体系应用，由浅入深地介绍网络爬虫方面的技术知识，对基于 Python 网络爬虫领域的技术做全面的介绍。原理部分，主要突出网络爬虫的理论基础，原生态网络爬虫中正则表达式与 requests 库的使用，HTML 内容解析模拟浏览器模拟登录模拟验证的应用，Python 与数据库的连接与使用，网络爬虫框架的介绍与实际应用等。系统开发环境配置与搭建部分，通过实例系统讲解 Python 环境的安装、部署、环境搭建、配置、应用程序部署等一系列过程，帮助学生搭建 Python 开发环境。

网络爬虫技术的重点之一是网络爬虫框架，因此本书首先重点介绍网络爬虫的常见框架，再结合网络爬虫框架的相关案例介绍 PySpider 网络爬虫框架的安装和使用，Scrapy 网络爬虫框架的安装和使用，以及 Scrapy 网络爬虫管理与部署。另外，因为 Python 网络爬虫开发需要 reguests 库、Scrapy 解析库、存储库、XPath 的配合，本书还介绍了 requests 库、正则表达式、XPath 等的使用方法，重点讲解这些库的实际应用。

本书共分为 7 章，邓维负责全书的统稿工作，第 1~4 章由李贝编写，第 5 章到第 6 章由汤小洋编写，第 7 章由康毅斌、林海玉、刘燕秋、林建雄、刘庆胜、钟晓颖统一编写。

在 Python 网络爬虫的体系应用中，Scrapy 与 PySpide 是非常重要的 Python 网络爬虫框架，读者通过学习，可以掌握 Scrapy 和 PySpider 的安装、配置和使用，以及实现基本的案例。

本书以 Python 网络爬虫开发为主线，兼顾理论与实战，全面介绍可操作的 Python 环境与系统开发相关知识，以及大数据算法、大数据分析、大数据系统互补的作用，可以互相参考。

本书使用对象

- 计算机编程爱好者。

适合掌握 Python、网络爬虫等技术的读者，按照书中的流程，一步步从环境的准备到基本库、常见框架的开发和部署，直到案例开发的完成。

- 开设有 Python 相关课程的高校教师和学生。

如今，国内很多高校计算机、自动化、电子信息、大数据等专业均开设了大数据相关课程，但是绝大部分均以理论介绍为主，单纯的理论教学过于抽象，学生理解起来比较困难，教学效果不理想。本书所介绍的内容以实践为主、理论为辅，注重学生操作跟实际接轨，使学生对所学知识更感兴趣、更容易接受。

本书赠送资源

本书赠送课程大纲、教学课件 PPT、实验手册、各章习题及答案、期末试卷及答案、教学和实验视频，读者可分别扫描下方二维码获取。

课程大纲

教学课件 PPT

实验手册

习题及答案

期末试卷及答案

教学和实验视频（上）

教学和实验视频（下）

目录

第1章 网络爬虫概述 ··· 1
1.1 网络爬虫简介 ··· 1
1.1.1 网络爬虫的概念与类别 ··· 1
1.1.2 网络爬虫的流程 ·· 3
1.1.3 网络爬虫的抓取 ·· 5
1.2 网络爬虫的攻防战 ··· 6
1.3 反网络爬虫技术及解决方案 ·· 7
1.4 本章习题 ··· 10

第2章 Python 基本知识介绍 ·· 12
2.1 Python 编程 ··· 12
2.1.1 Python的安装与环境配置 ·· 12
2.1.2 PyCharm的安装与使用 ·· 19
2.2 HTML 基本原理 ·· 22
2.2.1 HTML简介 ··· 22
2.2.2 HTML的基本原理 ·· 22
2.3 基本库的使用 ·· 23
2.3.1 urllib库 ··· 23
2.3.2 requests库 ··· 23
2.3.3 re库 ··· 24
2.4 实战案例：百度新闻的抓取 ·· 25
2.5 本章习题 ··· 29

第3章 原生态网络爬虫开发 ·· 30
3.1 requests 库详解 ·· 30
3.1.1 requests语法 ··· 30
3.1.2 requests库的使用 ··· 32
3.2 正则表达式 ·· 35
3.2.1 正则表达式详解与使用 ··· 35
3.2.2 Python与Excel ··· 36
3.3 实战案例：环球新闻的抓取 ·· 37
3.4 本章习题 ··· 43

第 4 章　解析 HTML 内容 ·· 44

4.1　XPath 的介绍与使用 ··· 44
4.1.1　XPath的介绍 ·· 44
4.1.2　XPath的使用 ·· 45
4.2　lxml 库的安装与使用 ··· 47
4.2.1　lxml库的安装 ·· 47
4.2.2　lxml库的常见方法使用 ·· 48
4.3　Chrome 浏览器分析网站 ··· 49
4.4　BeautifulSoup 的安装与使用 ··· 53
4.5　实战案例：BeautifulSoup 的使用 ··· 55
4.6　页面请求与 JSON ··· 61
4.6.1　JSON的介绍与应用 ·· 61
4.6.2　GET请求和POST请求 ·· 63
4.7　模拟浏览器 ··· 63
4.7.1　Selenium的介绍与安装 ·· 63
4.7.2　模拟点击 ·· 64
4.7.3　Ajax结果提取 ·· 65
4.8　实战案例：小说网站的抓取 ··· 68
4.9　模拟登录与验证 ··· 75
4.9.1　复杂的页面请求 ·· 75
4.9.2　代理IP ·· 75
4.9.3　Cookie的使用与证书 ·· 77
4.9.4　使用Selenium进行模拟登录 ·· 78
4.10　验证码 ··· 80
4.10.1　手动打码 ·· 80
4.10.2　自动打码 ·· 81
4.11　实战案例：模拟登录及验证 ··· 82
4.11.1　基本思路与方法 ·· 82
4.11.2　使用Cookie ·· 82
4.12　本章习题 ··· 92

第 5 章　Python 与数据库 ·· 93

5.1　MySQL 数据库的安装与应用 ··· 93
5.1.1　MySQL数据库的安装 ·· 93
5.1.2　MySQL数据库的应用 ·· 95
5.2　MongoDB 的安装与使用 ··· 97
5.2.1　MongoDB的安装 ·· 97
5.2.2　MongoDB的使用 ·· 98
5.2.3　MongoDB的可视化工具RockMongo ·· 100
5.3　Python 库 pymongo ··· 100
5.4　本章习题 ··· 102

第 6 章 Python 网络爬虫框架 ·········· 103

- 6.1 Python 网络爬虫的常见框架 ·········· 104
- 6.2 PySpider 网络爬虫框架简介 ·········· 105
- 6.3 Scrapy 网络爬虫框架简介 ·········· 106
- 6.4 PySpider 与 Scrapy 的区别 ·········· 108
- 6.5 PySpider 网络爬虫框架的安装和使用 ·········· 108
  - 6.5.1 PySpider的安装与部署 ·········· 108
  - 6.5.2 PySpider的界面介绍 ·········· 111
  - 6.5.3 PySpider的多线程网络爬虫 ·········· 112
  - 6.5.4 使用Phantomjs渲染 ·········· 115
  - 6.5.5 PySpider网络爬虫时间控制 ·········· 116
  - 6.5.6 RabbitMQ队伍去重 ·········· 117
  - 6.5.7 在Linux系统下安装部署PySpider ·········· 119
  - 6.5.8 实战案例：使用PySpider抓取题库 ·········· 120
- 6.6 Scrapy 网络爬虫框架的安装和使用 ·········· 126
  - 6.6.1 Scrapy的简介与安装 ·········· 126
  - 6.6.2 Scrapy的项目文件介绍 ·········· 127
  - 6.6.3 Scrapy的使用 ·········· 128
  - 6.6.4 Scrapy中使用XPath ·········· 129
  - 6.6.5 Scrapy与MongoDB ·········· 130
  - 6.6.6 Scrapy_Redis的安装与使用 ·········· 130
  - 6.6.7 使用Redis缓存网页并自动去重 ·········· 132
  - 6.6.8 实战案例：抓取豆瓣Top250 ·········· 132
- 6.7 Scrapy 网络爬虫管理与部署 ·········· 139
  - 6.7.1 Scrapyd管理网络爬虫 ·········· 139
  - 6.7.2 使用SpiderKeeper进行任务监控与定时抓取 ·········· 140
  - 6.7.3 Supervisor网络爬虫进程管理 ·········· 144
  - 6.7.4 Scrapy项目设计思路 ·········· 146
  - 6.7.5 实战案例 ·········· 148
- 6.8 本章习题 ·········· 159

第 7 章 综合性实战案例 ·········· 161

- 7.1 实战案例 1：瀑布流抓取 ·········· 161
- 7.2 实战案例 2：网络爬虫攻防战 ·········· 171
  - 7.2.1 网络爬虫攻防技术认识 ·········· 171
  - 7.2.2 代理IP地址网站 ·········· 175
  - 7.2.3 抓取新浪微博内容 ·········· 176
  - 7.2.4 获得微博内容信息并保存到文本中 ·········· 179
- 7.3 实战案例 3：分布式抓取 ·········· 181
  - 7.3.1 背景/案例知识介绍 ·········· 181
  - 7.3.2 某研究中心的数据抓取 ·········· 186
  - 7.3.3 查看效果 ·········· 194

7.4　实战案例 4：微信公众号文章点赞阅读数抓取 …………………………………… 198
　　7.4.1　所运用的内容讲解 ……………………………………………………………… 198
　　7.4.2　抓取微信公众号文章的评论数据 ……………………………………………… 201
　　7.4.3　效果展示 ………………………………………………………………………… 208
本章习题 ……………………………………………………………………………………… 208

参考文献 ………………………………………………………………………………………… 210

第 1 章

网络爬虫概述

本章学习目标

- 了解什么是网络爬虫。
- 了解网络爬虫的搜索和策略。
- 了解反网络爬虫技术及解决方案。

本章先向读者介绍网络爬虫技术的概念和流程，再介绍数据采集的基本思想及网络爬虫的搜索和策略，最后介绍反网络爬虫技术及解决方案。

1.1 网络爬虫简介

1.1.1 网络爬虫的概念与类别

1. 概念

当前社会已经迈入大数据时代，互联网中的数据是海量的，如何自动高效地获取互联网中有用的信息是一个重要问题，而网络爬虫技术就是为解决这些问题而生的。

当下的网络就像一张大型的蜘蛛网，分布于蜘蛛网各个节点的即是数据，那么 Web Crawler（网络爬虫）即是小蜘蛛，沿着网络"捕获"食物（即数据），而网络爬虫是指按照一定的规则，自动地抓取网络信息的程序或者脚本。从专业角度来讲，请求目标的行为是经由程序模仿搜索引擎发出的，爬到本地的是目标返回的 HTML 代码、JSON 数据、二进制数据、图片、视频等，从中提取需要的数据并存储起来使用。

2. 常见的网络爬虫

搜索引擎如何获得一个新网站的 URL？主要描述如下：

（1）主动向搜索引擎提交网站。
（2）在其网站里设置外联。
（3）搜索引擎会和 DNS 服务商进行合作，能够快速采集新的网站。

常见的网络爬虫有以下几种。
- 通用网络爬虫：也叫全网爬虫，主要为门户网站站点搜索引擎和大型 Web 服务提供商采集网络数据。

通用网络爬虫并不是一切皆可爬取，它也要遵循 Robots 协议。通用网络爬虫的工作流程为：抓取网页→存储数据→内容处理→提供检索→排名服务。

通用网络爬虫的缺点有：仅提供与文本相关的内容（如 HTML、Word、PDF 等），而无法提供多媒体文件（如音乐、图片、视频）和二进制文件，提供的结果一成不变，无法针对不同背景领域的人提供不同的搜索结果，不能提供人类语义上的检索；具有局限性，所返回的网页里 90%的内容无用，中文搜索引擎的自然语言检索理解困难，信息占有量和覆盖率存在局限，以关键字搜索为主是搜索引擎最主要的作用之一，对于图片、数据库、音频、视频多媒体的内容无计可施；搜索引擎的社区化和个性化欠缺，大多数搜索引擎无法考虑人的地域、性别、年龄的差别，且抓取动态网页效果不好。

- 聚焦网络爬虫：网络爬虫程序员写的针对某种内容的网络爬虫，面向主题网络爬虫、面向需求网络爬虫，会针对某种特定的内容去抓取信息，并且保证内容需求尽可能相关。聚焦网络爬虫是为解决通用网络爬虫的缺点而出现的。
- 积累式网络爬虫：从头到尾，不断抓取，过程中会进行反复操作。
- 增量式网络爬虫：采用增量式更新和仅抓取新产生的或者已经发生变化的网页的网络爬虫，出现在已下载的网页。
- 深层网络爬虫：Web 页面按存在方式可以分为表层网页（Surface Web）和深层网页（Deep Web）。表层网页是指传统搜索引擎可以索引的页面，以超链接可以到达的静态网页为主构成的 Web 页面。深层网页是指那些大部分内容不能通过静态链接获取的、隐藏在搜索表单后的，只有用户提交一些关键词才能获得的 Web 页面。

3. 增量式网络爬虫

增量式网络爬虫（Incremental Web Crawler）的体系结构包括爬行模块、排序模块、更新模块、本地页面集、待爬行 URL 集及本地页面 URL 集。

增量式网络爬虫为确保本地页面集中存储的页面是最新页面并进一步提高本地页面集中页面的质量，经常使用的方法有：

（1）统一更新法：网络爬虫以相同的频率访问全部网页，不考虑网页的改变频率。

（2）个体更新法：网络爬虫按照个体网页的改变的频率重新访问各页面。

（3）基于分类的更新法：网络爬虫根据网页改变的频率把页面划分为更新较快网页子集和更新较慢网页子集两类，而后以不同的频率访问这两类网页。

为实现个体更新法，增量式网络爬虫需要对网页的重要性排序，一般常用的策略有广度优先策略、PageRank 优先策略等。IBM 开发的 WebFountain 增量式网络爬虫功能强大，它采用一个优化模型控制爬行过程，并没有对页面变动过程做一概统计假设，而是按照先前爬行周期里的爬行成果和网页的实际变化速度对页面的更新频率进行调整，采用的是一种自适应的方法。北京大学的天网增量爬行系统的目的是爬行国内 Web，把网页划分为变化网页和新网页两类，分别采用不同爬行策略。为减缓对大量网页变化历史维护导致的性能难题，它按照网页变化的时间局部性规律，在短时期内直接爬行屡次变化的网页，为尽快取得新网页，它操纵索引型网页追踪新出现的网页。

4. 深层网络爬虫

1）基于领域知识的表单填写

此方式一般会维持一个本体库，经由语义分析来选取合适的关键词填写表单。利用一个预定义的领域本体知识库来识别深层网页的页面内容，同时利用一些来自 Web 站点的导航模式来辨认主动填写表单时所需进行的路径导航。

2）基于网页结构分析的表单填写

此方式通常无领域知识或有唯一有限的领域知识，把网页表单表示成 DOM 树，从中提取表单各字段值。Desouky 等提出一种 LEHW 方法。该方法把 HTML 网页表示为 DOM 树形式，把表单区分为单属性表单和多属性表单，分别进行处理；孙彬等提出一种基于 XQuery 的搜索系统，它能够模拟表单和特殊页面的标记切换，把网页关键字切换信息描述为三元组单元，依照一定规则排除无效表单，把 Web 文档构造成 DOM 树，利用 XQuery 把文字属性映射到表单字段。

1.1.2 网络爬虫的流程

1. 基本流程

搜索引擎抓取系统的主要组成部分是网络爬虫，把互联网上的网页下载到本地形成一个联网内容的镜像备份是网络爬虫的主要目标。

网络爬虫的基本工作流程如下：一开始选取一部分精心挑选的种子 URL；把这些 URL 放入 URL 队列中；从 URL 队列中取出待抓取的 URL，读取 URL 之后开始解析 DNS，并把 URL 对应的网页下载下来，放进网页库中。此外，把这些 URL 放入已抓取 URL 队列。

分析已抓取 URL 队列中的 URL，并且把 URL 放入待抓取 URL 队列，使其进入下一个循环。网络爬虫的基本流程如图 1-1 所示。

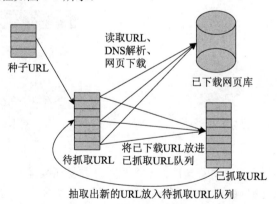

图 1-1 网络爬虫的基本流程

用简短易懂的方式来讲，即分为四个步骤：发送请求→获取响应内容→解析内容→保存数据。请求流程如图 1-2 所示。

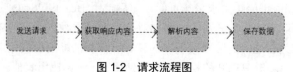

图 1-2 请求流程图

2. 从网络爬虫的角度对互联网进行划分

从网络爬虫的角度可将互联网划分为以下五种：

（1）已下载未过期网页。

（2）已下载已过期网页：抓取到的网页实际上是互联网内容的一个镜像与备份，互联网是动态变化的，一部分互联网上的内容已经发生变化，这时这部分抓取到的网页就已经失效。

（3）待下载网页：是指待抓取 URL 队列中的那些页面。

（4）可知网页：尚未抓取下来，也没有在待抓取 URL 队列中，但是能够经由对已抓取页面或者待抓取 URL 对应页面进行分析获得的 URL，认为是可知网页。

（5）不可知网页：还有一部分网页，网络爬虫是无法直接抓取下载的，称为不可知网页。

网页类别划分如图 1-3 所示。

3. 网页抓取的基本原理

常见的叫法是网页抓屏（Screen Scraping）、数据挖掘（Data Mining）、网络收割（Web Harvesting）或其类似的叫法。

理论上，网页抓取是一种经由多种方法收集网络数据的方式，不仅是经由与 API 交互的方式。

最常用的方法是确定爬取的 URL，确定数据存储格式，写一个自动化程序向网络服务器请求数据（通常是用 HTML 表单或其网页文件），而后对数据进行清洗解析，汲取需要的信息并存入数据库，基本思路如图 1-4 所示。

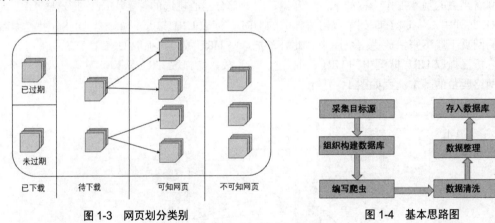

图 1-3　网页划分类别　　　　　图 1-4　基本思路图

4. 目标源选择

目标源选择应依照以下条件进行排序：数据相关性、易抓取程度、数据量、Robots 协议。当然，根据自己的需求能够自由变更。同等情况下尽量避免大型企业的官网，因为其中大部分都设有反爬机制。

5. 编辑网络爬虫

推荐使用的库有 requests、BeautifulSoup、Scrapy、Selenium，假如关于效率需求不是特别高，能够考虑使用 requestspost 请求采集页面，而后使用 BeautifulSoup 分析页面标签，这样实现较为简短易懂，也能解决大部分需求；假如对效率比较重视，或需要完成一个工程化的采集项目，Scrapy 能够作为首选。对分布式处理的良好支持和清晰的模块化层次在提升效率的同时更易于进行代码的管理。对 HTTP 的相关请求，使用 requests 比用其他函数更加明智。

6. 数据清洗

获得的数据和期望中的数据总有一定的差别，这一部分的任务便是排除异常数据，把其余数据转换为易于处理的形式。数据的异常主要包括数据格式异常和数据内容异常。需要的数据可能存放在一个 PDF、Word、JPG 格式的文件中，把它们转换成文本而后选取相应的信息，这是数据清洗工作的一部分。另外，由于网页发布者的疏忽，网页上有部分数据和其他页面呈现不同，但需要把这部分数据也抓取下来，此时需要进行一定的处理，把数据格式进行统一。

1.1.3 网络爬虫的抓取

1. 概述

网络爬虫的不同抓取策略，便是利用不同的方法确定待抓取 URL 队列中 URL 的优先顺序。网络爬虫的抓取策略有很多种，但不管方法如何，其根本目标一致。网页的重要性评判标准不同，大部分采用网页的流行性进行定义。网页结构分布图如图 1-5 所示。

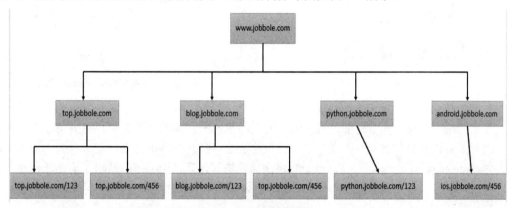

图 1-5　网页结构分布图

2. 网络爬虫的抓取原理

一开始选取一部分精心挑选的种子 URL，把这些 URL 放入待抓取 URL 队列，从待抓取 URL 队列中拿出待抓取的 URL，解析 DNS 并且得到主机的 IP 地址，并把 URL 相应的网页下载下来，存放进已下载网页库中。此外，把这些 URL 放进已抓取 URL 队列。分析已抓取 URL 队列中的 URL，分析当中的其他 URL，并且把 URL 放入待抓取 URL 队列，继续进入下一个循环。

3. 网络爬虫的抓取策略

1）宽度优先遍历（Breath First）策略

基本思路：将新下载网页包含的链接直接追加到待抓取 URL 队列末尾。

倘若网页是 1 号网页，从 1 号网页中抽取出 3 个链接指向 2 号、3 号和 4 号网页，于是按照编号顺序依次放入待抓取 URL 队列，图中网页的编号便是在待抓取 URL 队列中的顺序编号，之后网络爬虫以此顺序进行下载。抓取节点树结构如图 1-6 所示。

2）非完全 PageRank（Partial PageRank）策略

基本思路：对于已下载的网页，加上待抓取 URL 队列中的 URL 一起，形成网页集合，在此集合内进行 PageRank 计算，计算完成后，把待抓取 URL 队列里的网页依照 PageRank 得分由高到低排序，形成的序列便是网络爬虫接下来应该依次抓取的 URL 列表。

设定每下载 3 个网页进行新的 PageRank 计算，此时已经有{1,2,3}3 个网页下载到本地。这三个网页包含的链接指向{4,5,6}，即待抓取 URL 队列，如何决定下载顺序？将这 6 个网页形成新的集合，对这个集合计算 PageRank 的值，这样 4、5、6 就获得对应的 PageRank 值，由大到小排序，即可得出下载顺序。假设顺序为 5、4、6，当下载 5 号页面后抽取出链接，指向页面 8，此时赋予 8 临时 PageRank 值，如果这个值大于 4 和 6 的 PageRank 值，则接下来优先下载页面 8，如此不断循环，即形成非完全 PageRank 策略的计算思路。非完全 PageRank 策略结构图如图 1-7 所示。

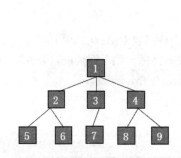
图 1-6　抓取节点树结构

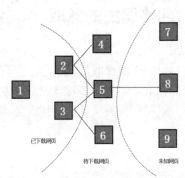
图 1-7　非完全 PageRank 策略结构图

3）OPIC（Online Page Importance Computation，在线页面重要性计算）策略

基本思路：在算法开始之前，每个互联网页面都给予相同的"现金"，每当下载某个页面后，此页面就把本身具有的"现金"平均分配给页面中包含的链接页面，把本身的"现金"清空。与 PageRank 的不同在于：PageRank 每次需要迭代计算，而 OPIC 策略不需要迭代过程。所以，OPIC 的计算速度远远快于 PageRank，适合实时计算使用。

4）大站优先（Larger Sites First）策略

基本思路：以网站为单位来选题网页重要性，关于待抓取 URL 队列中的网页，按照所属网站归类，假如哪个网站等待下载的页面最多，则优先下载这些链接，其本质思想倾向于优先下载大型网站，因为大型网站常常包括更多的页面。鉴于大型网站往往是著名企业的内容，其网页质量一般较高，所以这个思路虽然简单，但是有可靠依据。实验表明，这个算法结果也要略优先于宽度优先遍历策略。

1.2　网络爬虫的攻防战

网络爬虫是模仿人的浏览访问行为，进行数据的批量抓取。当抓取数据量慢慢增大时，会对被访问的服务器造成很大的压力，甚至有可能会崩溃。服务器第一种识别网络爬虫的方式便是经由检查连接的用户代理（User-Agent）来识别到底是浏览器访问，还是代码访问。假如是代码访问，当访问量增大时，服务器就会直接封掉来访 IP 地址。

在进行访问时，在开发者环境下不仅能够找到 URL、FormData，还能够在 requests 传入 headers 中构造浏览器的请求头封装，只需要构造这个请求头的参数，创建请求头部信息便可，代码如下：

```
import requests
headers = {
    'User-Agent':'Mozilla/5.0 (Windows NT 10.0; Win64; x64) Chrome/74.0.3729.157 Safari/537.36',
}
#经由requests()方法构造一个请求对象
url = r'https://www.baidu.com//'
response = requests.get(url, headers = headers)
```

很多人会认为修改 User-Agent 太简短易懂，确实很简短易懂，但正常人一秒看一张图，而网络爬虫一秒能看几百张图，那么服务器的压力必然增大。也就是说，假如在一个 IP 地址下批量访问下载图片，这个行为不符合正常人类的行为，肯定会被限制。其原理也很简单易懂，便是统计每个 IP 地址的访问频率，此频率超过阈值，就会返回一个验证码，假如真的是用户访问，用户就会填写，而后继续访问，假如是代码访问，就会被限制。

这个问题的解决方法有两个，第一个便是常用的增设延时，每三秒抓取一次，代码如下：

```
import time
time.sleep(3)
```

其实，还有一个更重要的方法，那便是从本质解决问题。不管如何访问，服务器的目的都是查出哪些为代码访问，而后加以限制。解决办法如下：为以防无法访问，在数据采集之前经常会使用代理，可以通过设置 requests 的 proxies 属性的方式实现。

首先构建自己的代理 IP 地址池，把其以字典的形式赋值给 proxies，而后传输给 requests，代码如下：

```
proxies = {
   "http":"http://10.10.1.10:3128",
   "https":"http://10.10.1.10:1080",
}
response = requests.get(url,proxies=proxies)
```

1.3 反网络爬虫技术及解决方案

1. 网络爬虫的危害

1）网络爬虫的影响

性能骚扰：Web 服务器默认接收人类访问，受限于编辑水平和目的，网络爬虫将会为 Web 服务器带来巨大的资源开销。

法律风险：服务器上的数据有产权归属，网络爬虫获取数据后牟利将带来法律风险。

2）侵犯用户隐私和知识产权

互联网用户的隐私、公司的商业机密，在大数据时代极易被网络爬虫窃取，相关的网络安全技术人员得采用必要的手段反爬，例如 cookie 反爬机制等，避免因商业机密的泄露而造成的经济损失。

客户端向服务器发送请求，请求头里面携带 cookie 信息，服务器检查 cookie 时效，如果 cookie 没有过期，则返回响应的请求数据。携带 cookie 发送请求如图 1-8 所示。

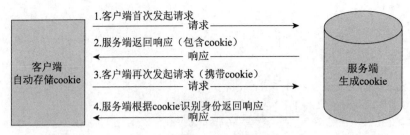

图 1-8　携带 cookie 发送请求

2. 反爬技术

1）验证码（Verification Code）

验证码是一种直接而有效的方式，用来判断请求方是否是人类。从一开始的简短易懂数字验证码，到后来的中文验证码，再到现在的图片验证码，验证码是应用层最普遍、最核心的网络爬虫对抗技术。关于一些简短易懂的数字、字母验证码，随着近几年机器学习、神经网络的快速发展，已经近乎于失效。有人训练出基于 LSTM 的模型能够达到 90% 的识别正确率。关于图片验证码，也有专门用人工打码平台来处理，所以仅靠验证码很难有效处理网络爬虫问题，过多的验证码也会使正常用户的体验受到影响。简单验证码如图 1-9 所示。

图 1-9　简单验证码

2）Ajax

Ajax 技术在 2004 年左右开始飞速发展，成为主流的浏览器端技术，也使得网络爬虫从静态网络爬虫转化为动态网络爬虫。至此，抓取网站的数据不再是简短易懂的一个 HTTP 请求，解析 HTML 页面就能够实现的。大量的网站使用 Ajax 技术来构建网站，也使得解析数据变得相对没那么容易获取，因为在网站完全不设防的情况下，网络爬虫也不单需要解析 HTML 页面，同时还需要解析 Ajax 接口返回的数据，代码如下：

```
function get(){
    $.ajax({
      type:"OPTIONS",
      url:"/",
      compelete:function(d){
        var t = d.getResponseHeader("Date");
        var timestamp = Date.parse(t);
        var times = timestamp/1000;
        var dateNow = formateDate(new Date(timestamp));
        liveNow(dateNow,times);
      }
    });
};
```

3）数据混淆

网络爬虫的目标是抓取到有用的数据。对于许多应用来说，获取错误的数据往往比获取不到数据更加致命。这个思路的核心便是，当网络爬虫命中反爬规则之后，使用错误的数据取代正确的数据返回给网络爬虫，这种方式十分隐蔽，又能够对敌手造成足够的麻烦，也相当有效。

4）经由 User-Agent 控制访问

不管是浏览器还是网络爬虫程序，在向服务器发起网络请求时，都会发过去一个头文件 headers，就像百度的请求头，大多数的字段都是浏览器向服务器表明身份用的，对于网络爬虫程序来说，最需要注意的字段便是 User-Agent。很多网站都会创建 User-Agent 白名单，只有属于正常范围的 User-Agent 才能够正常访问，代码如下：

```python
#导入 requests 库
import requests
#定义获得 URL 的函数
def get_html(url):
    try:
        #请求获得 URL, 超时时间 30s
        r=requests.get(url,timeout=30)
        #状态响应
        r.raise_for_status()
        #转换成 UTF-8 的编码格式
        r.encoding = r.apparent_encoding
        #返回响应的文本数据
        return r.text
    except:
        #运行错误返回值
        return "Something Wrong!"
#输出获得 URL
print(get_html('https://www.baidu.com'))
```

5）经由 IP 地址限制反网络爬虫

假如一个固定的 IP 地址在短暂的时间内快速大量地访问一个网站，那么自然会引起注意。管理员能够经由一些手段禁止该 IP 地址访问，网络爬虫程序则无法工作。

解决方法：比较成熟的方式是 IP 地址代理池，简而言之，便是经由 IP 地址代理，从不同的 IP 地址进行访问，这样就无法限制该 IP 地址的访问。但是 IP 地址代理的获得本身便是一个很麻烦的事情，虽然网上有免费和付费的，但是质量参差不齐。假如是企业需要，能够经由自己购买集群云服务来自建代理池。这里实现一个简短易懂的代理转换，代码如下：

```python
import random
def get_proxy():
    '''
    简答模拟代理池
    返回一个字典类型的键值对，
    '''
    proxy = ["http://116.211.143.11:80",
            "http://183.1.86.235:8118",
            "http://183.32.88.244:808",
            "http://121.40.42.35:9999",
            "http://222.94.148.210:808"]
    fakepxs = {}
    fakepxs['http'] = proxy[random.randint(0, len(proxy)-1)]
    return fakepxs
```

6）经由 Robots 协议限制网络爬虫

世界上将网络爬虫做得最大、最好的便是 Google。搜索引擎本身便是一个超级大的网络爬虫，Google 开发出来的网络爬虫 24 小时不中断地在网上抓取着新的信息，并返回给数据库，但是这些搜索引擎的网络爬虫都遵循着 Robots 协议。

Robots 协议是一种寄放于网站根目录下的 ASCII 编码的文本文件，它往往通知网络搜索引擎的漫游器，该网站中的哪些内容是不应被搜索引擎的漫游器获得的，哪些是能够被漫游器获得的。

Robots 协议并不是一个标准，而只是约定俗成的，所以并不能保护网站的隐私。注意，Robots 协议是用字符串比较来确定是否获得 URL，所以目录结尾有与没有斜杠"/"表示的是不同的 URL。Robots 协议允许使用类似'Disallow:*.gif'这样的通配符。

这实际上只是一个自由协议，遵循与否，都在于网络爬虫的编辑者。来看一下京东的 Robots 协议，代码如下：

```
User-agent: *
Disallow: /?*
Disallow: /pop/*.html
Disallow: /pinpai/*.html?*
User-agent: EtaoSpider
Disallow: /
User-agent: HuihuiSpider
Disallow: /
User-agent: GwdangSpider
Disallow: /
User-agent: WochachaSpider
Disallow: /
```

能够看到，京东的 Robots 协议里确定地指出四个"User-Agent"是禁止访问的，事实上，这四个 User-Agent 也是四个臭名远扬的恶性网络爬虫。当然有种情况是例外的，例如网络爬虫获得网页的速度和人类浏览网页是差不多的，这并不会给服务器造成太大的性能损失，在这种情况下是可以不用遵守 Robots 协议的。

1.4 本章习题

一、单选题

1. 网络爬虫的基本流程是（　　）。
   A. 发送请求 → 获取响应内容 → 解析内容 → 保存数据
   B. 发送请求 → 解析内容 → 获取响应内容 → 保存数据
   C. 发送请求 → 获取响应内容 → 保存数据
   D. 发送请求 → 解析 DNS → 获取响应内容 → 保存数据
2. 组织数据采集基本思想的第一步是（　　）。
   A. 组织数据库　　　B. 网络爬虫编写　　　C. 数据整理　　　D. 采集目标源
3. 以下选项中，（　　）不是爬行策略中的特征。
   A. 脚本语言　　　B. 巨大的数据量　　　C. 快速的更新频率　　　D. 动态页面的产生

4. 网络爬虫的系统框架中，（　　）不是主过程选择。
A. 服务器　　　　B. 控制器　　　　C. 解析器　　　　D. 资源库

5. 以下选项中，（　　）不是 Python requests 库提供的方法。
A. get()　　　　　B. push()　　　　C. post()　　　　D. head()

6. 以下选项中，（　　）不是网络爬虫带来的负面问题。
A. 法律风险　　　B. 隐私泄露　　　C. 商业利益　　　D. 性能骚扰

7. 如果一个网站的根目录下没有 robots.txt 文件，则以下说法中不正确的是（　　）。
A. 网络爬虫应该以不对服务器造成性能骚扰的方式抓取内容
B. 网络爬虫可以不受限制地抓取该网站内容并进行商业使用
C. 网络爬虫可以肆意抓取该网站内容
D. 网络爬虫的不当抓取行为仍然具有法律风险

二、简答题

1. 什么是网络爬虫？
2. 简述网络爬虫的基本流程。
3. 列举三种网络爬虫策略，并简单说明原理。
4. 列举三种常见反网络爬虫技术，并简单说明。

第 2 章

Python 基本知识介绍

本章学习目标

- 掌握 Python 的安装与环境配置。
- 掌握 PyCharm 的使用。
- 了解 HTML 的内容。
- 掌握 Python 基本库的使用。

本章先向读者介绍 Python 的安装与环境配置，再介绍 HTML 及其基本原理，最后介绍 Python 基本库的使用。

2.1　Python 编程

2.1.1　Python 的安装与环境配置

Python 是一门计算机编程语言。相比于 C 语言及 Java 来说，Python 更容易上手，同时也十分简单，易懂易用。很多大型网站，例如 YouTube、Google 等都在大量使用 Python，各种常用的脚本任务用 Python 实现也十分容易，无须担心学非所用。

1. 计算机编程语言这么多，为什么用 Python 来写网络爬虫呢？

（1）对比其他静态编程语言来说，如 Java、C#、C++，Python 抓取网页文档接口更加简洁；对比其他动态语言 Perl、Shell，Python 的 urllib2 包提供非常完整的访问网页文档 API。抓住网页有时候需要模拟浏览器的行为，而 Python 具有很多第三方包，如 requests、XPath 等均提供此类支持。

（2）对于抓取之后的网页需要进行处理，如过滤标签、提取文本等。Python 提供简洁的文档处理功能，可以用很短的代码完成大部分文档处理。

（3）具有各种网络爬虫框架，可方便高效地下载网页。

（4）多线程、进程模型成熟稳定，网络爬虫是一个典型的多任务处理场景，请求页面时会有较长的延迟，总体来说更多的是等待。多线程或进程会更优化程序效率，提升整个系统的下载和分析能力。

2. Python 的概念

百度百科解释 Python 是一种计算机程序设计语言，是一种面向对象的动态类型语言，最初被设计用于编辑自动化脚本(Shell)，随着版本的不断更新和语言新功能的添加，Python 被越来越多地用于独立的、大型项目的开发。

Python 是有名的"龟叔"Guido van Rossum 在 1989 年圣诞节期间，为打发无聊的圣诞节而编辑的一个编程语言。

Python 能够提供十分完善的基础代码库，涵盖网络、文件、GUI、数据库、文本等大量内容，被形象地称作"内置电池"。用 Python 开发，很多功能没必要从零编辑，直接利用现有的即可。

除内置的库外，Python 还有大量的第三方库，也就是别人开发的、供直接运用的工具。当然，假如开发的代码经由很好的封装，也能够作为第三方库给别人使用。

很多大型网站都是用 Python 开发的，例如 YouTube、Instagram，还有国内的豆瓣网。很多大公司，包括 Google、Yahoo 等，乃至 NASA（美国航空航天局）都大量地应用 Python。

"龟叔"赋予 Python 的定位是"优雅""明确""简短易懂"，所以 Python 程序看上去总是简短易懂。初学者学习 Python，不但初学容易，而且来日深入下去，能够编辑那些十分复杂的程序。

总的来说，Python 的哲学便是简短、易懂、优雅，尽可能写出容易看明白的代码，尽可能写少的代码。

3. Python 的应用领域

Python 拥有很多免费数据函数库、免费 Web 网页模板系统和与 Web 服务器进行交互的库，能够实现 Web 开发，搭建 Web 框架，目前比较有名气的 Python Web 框架为 Django。同样是解释型语言的 JavaScript，在 Web 开发中的应用已经较为广泛，原因是其有一套完善的框架。但 Python 也有着特有的优势。例如，Python 相比于 JS、PHP 在语言层面较为完好并且关于同一个开发需求能够提供多种方案，库的内容丰富，使用方便。从事该领域应从数据、组件、安全等多领域进行学习，从底层了解其工作原理并可支配任何业内主流的 Web 框架。

下面来介绍一下基于 Python 语言的 Web 开发中几种常见的 Web 开发框架。

1）Django

Django 是一个常见的 Python Web 应用框架。它是开源的 Web 开发框架，包括多种组件，能够实现关系映射、动态内存管理、界面管理等功能。Django 开发采用 DRY 原则，同时拥有独立的轻量级 Web 服务器，能快速开发 Web 应用。Django 开发遵循 MVC 模式，包括模型、视图、控制三部分。模型层是应用程序底层，主要用于处理与数据有关的事件，如数据存取验证等。由于 Django 中用户输入控制模块是由框架处理的，因此也能够称为模板层。模板层用于展现数据，负责模板的存取和正确调用模板等业务。程序员使用模板语言来渲染 HTML 页面，给模板所需显示的信息，使用既定的模板来渲染结果。视图层组成应用程序的业务逻辑，负责在网页或类似类型的文档中展示数据。

2）CherryPy

CherryPy 是基于 Python 的面向对象的 HTTP 框架，适合 Python 开发者。CherryPy 本身内置 Web 服务器。CherryPy 的用户无须搭设别的 Web 服务器，能直接在内置的服务器上运行应用程序。服务器一方面把底层 TCP 套接字传输的信息转换成 HTTP 请求，并传递给相应的处理程序；另一方面把上层软件传来的信息打包成 HTTP 响应，向下传递给底层的 TCP 套接字。

3）Flask

Flask 适合开发轻量级的 Web 应用。它的服务器网关接口工具箱采用 Werkzeug，模板引擎使用 Jinja2。Flask 使用 BSD 授权。Flask 自身没有如表单验证和数据库抽象层等一些基本功能，而是依附第三方库来完成这些工作。Flask 的结构是可扩展的，能够比较容易地为它添加一些需要的功能。

4）Pyramid

Pyramid 是开源框架，执行效率高，开发周期短。Pyramid 包含 Python、Perl、Ruby 的特性，拥有不依赖于平台的 MVC 架构，以及最快的启动开发的能力。

5）TurboGear

TurboGear 创建在其框架基础上，它尝试把其框架优秀的部分集成到一起。它允许开发者从一个单文件服务开始开发，慢慢扩大为一个全栈服务。

4．数据分析与处理

通常情况下，Python 被用来做数据分析。用 C 设计一些底层的算法进行封装，而后用 Python 进行调用。由于算法模块较为固定，所以用 Python 直接进行调用，方便且灵活，能够根据数据分析与统计的需要灵活使用。Python 也是一个比较完善的数据分析生态系统，其中，matplotlib 常常会被用来绘制数据图表，它是一个 2D 绘图工具，有着杰出的跨平台交互特性，日常做描述统计用到的直方图、散点图、条形图等都会用到它，几行代码便可出图。平常看到的 K 线图、月线图也可用 matplotlib 绘制。假如在证券行业做数据分析，Python 是必不可少的。

随着大数据和人工智能时代的到来，网络和信息技术开始渗透到人类日常生活的方方面面，产生的数据量也呈现指数级增长的态势，同时现有数据的量级已经远远超过目前人力所能处理的范畴。在此背景下，数据分析成为数据科学领域中一个全新的研究课题。在数据分析的程序语言选择上，由于 Python 语言在数据分析和处理方面的优势，大量的数据科学领域的从业者使用 Python 来进行数据科学相关的研究工作。

数据分析是指用合适的分析方法对收集来的大量数据进行分析，提取实用信息和构成结论，对数据加以具体钻研和归纳总结的过程。随着信息技术的高速发展，企业的生产、收集、存储数据的能力大大提升，同时数据量也与日俱增。把这些繁杂的数据经由数据分析方法进行提炼，以此研究出数据的发展规律和展望趋向走向，进而帮助企业管理层做出决策。

数据分析是一种解决问题的过程和方法，主要的步骤有需求分析、数据获得、数据预处理、分析建模、模型评价与优化、部署。下面分别介绍每个步骤。

1）需求分析

数据分析中的需求分析是数据分析环节中的第一步，也是十分重要的一步，决定后续的分析方法和方向。主要内容是根据业务、生产和财务等部门的需要，结合现有的数据情况，提出数据分析需求的整体分析方向、分析内容，最终和需求方达成一致。

2）数据获得

数据获得是数据分析工作的基础，是指按照需求分析的结果提取、收集数据。数据获得主要有两种方式：网络爬虫获得和本地获得。网络爬虫获得是指经由网络爬虫程序合法获得互联网中的各种文字、语音、图片和视频等信息；本地获得是指经由计算机工具获得存储在本地数据库中的生产、营销和财务等系统的历史数据和实时数据。

3）数据预处理

数据预处理是指对数据进行数据合并、数据清洗、数据标准化和数据变换，并直接用于分析建模的这一过程的总称。其中，数据合并能够把多张互相关联的表格合并为一张；数据清洗能够去掉重复、缺失、异常、不一致的数据；数据标准化能够去除特征间的量纲差异；数据交换则能够经由离散化、哑变量处理等技术满足后期分析与建模的数据要求。在数据分析过程中，数据预处理的各个过程互相交叉，并没有固定的先后顺序。

4）分析建模

分析建模是指经由对比分析、分组分析、交叉分析、回归分析等分析方法，以及聚类模型、分类模型、关联规则、智能推荐等模型和算法，发现数据中的有价值信息，并得出结论的过程。

5）模型评价与优化

模型评价是指对于已经创建的一个或多个模型，根据其模型的类型，使用不同的指标评价其性能好坏的过程。模型的优化则是指模型性能在经由模型评价后已经达到要求，但在实际生产环境应用过程中，发现模型的性能并不理想，继而对模型进行重构与优化的过程。

6）部署

部署是指把数据分析结果与结论应用至实际生产系统的过程。根据需求的不同，部署阶段可以是一份包含现状具体整改措施的数据分析报告，也可以是把模型部署在整个生产系统的解决方案。在多数项目中，数据分析员提供的是一份数据分析报告或者一套解决方案，实际执行与部署的是需求方。

Python 是一门应用十分广泛的计算机语言，在数据科学领域具有无可比拟的优势。Python 正在逐步成为数据科学领域的主流语言。Python 数据分析具备以下几方面优势：

（1）语法简短、易懂、精练。对于初学者来说，比起其他编程语言，Python 更容易上手。

（2）有很多功能强大的库。结合在编程方面的强大实力，只使用 Python 这一种语言就能够去构建以数据为中心的应用程序。

（3）不单适用于研究和构建原型，同时也适用于构建生产系统。研究人员和工程技术人员使用同一种编程工具，能给企业带来明显的组织效益，并降低企业的运营成本。

（4）Python 程序能够以多种方式轻易地与其语言的组件"粘接"在一起。例如，Python 的 C 语言 API 能够帮助 Python 程序灵活地调用 C 程序，这意味着用户能够根据需要给 Python 程序添加功能，或者直接使用 Python 语言，不要调用 API 接口。

（5）Python 是一个混合体，丰富的工具集使它介于系统的脚本语言和系统语言之间。Python 不但具备全部脚本语言简短易懂和易用的特点，还拥有编译语言所具有的高级软件工程工具。

Python 具有 IPython、NumPy、SciPy、Pandas、Matplotlib、Scikit-learn 和 Spyder 等功能齐全、接口统一的库，能为数据分析工作提供极大的便利。

5. 人工智能应用

人工智能的核心算法是完全依赖于 C/C++的，由于是计算密集型，因此需要十分致密的优化，还需要 GPU、专用硬件之类的接口，这些都只有 C/C++能做到。所以在某种意义上，其实 C/C++才是人工智能领域最主要的语言。Python 是这些库的 API Binding，使用 Python 是因为 C-Python 的胶水语言特性，要开发一个其语言到 C/C++的跨语言接口用 Python 是最容易的，比其语言门槛要低不少，尤其是使用 C-Python 的时候。

说到 AI，Python 已经逐步成为一些 AI 算法的一部分，从最开始的简短易懂的双人游戏到后来复杂的数据工程任务。Python 的 AI 库在现今的软件中充当着不可取代的角色，包括 NLYK、

PyBrain、OpenCV 和 AIMA，一些 AI 软件功能，短短的一个代码块就足够。再看人脸识别技术、会话接口等领域，Python 正在一步步覆盖更多新领域。可以说，Python 未来的潜力是不可估量的。

在人工智能的应用方面，例如在神经网络、深度学习方面，Python 都能够找到比较成熟的包来加以调用。并且 Python 是面向对象的动态语言，且适用于科学计算，这就使得 Python 在人工智能方面颇受喜爱。虽然人工智能程序不限于 Python，但仍然为 Python 提供大量的 API，这也正是由于 Python 当中包含着较多的适用于人工智能的模块，如 sklearn 模块等。调用方便、科学计算功能强大依旧是 Python 在 AI 领域最强大的竞争力。

6. Linux 系统下 Python 的安装

1）创建路径

首先创建一个 Pyhton 的安装路径，命令如下，创建安装路径结果如图 2-1 所示。

```
rm -rf /usr/local/python3
sudo mkdir /usr/local/python3
su root
chmod 777 /usr/local/python3
```

图 2-1　创建安装路径结果

创建完成后进入该文件夹中，命令如下，结果如图 2-2 所示。

```
cd /usr/local/python3
```

图 2-2　进入该文件夹

2）下载安装包

进入该文件夹后，下载安装包到当前路径文件夹中，Linux 系统能够使用 wget 命令来执行，代码如下，下载进度如图 2-3 所示。

```
wget --no-check-certificate https://www.python.org/ftp/python/3.6.5/Python-3.6.5.tgz
```

3）解压安装包

在当前文件夹下解压，代码如下：

```
tar -xzvf Python-3.6.5.tgz
```

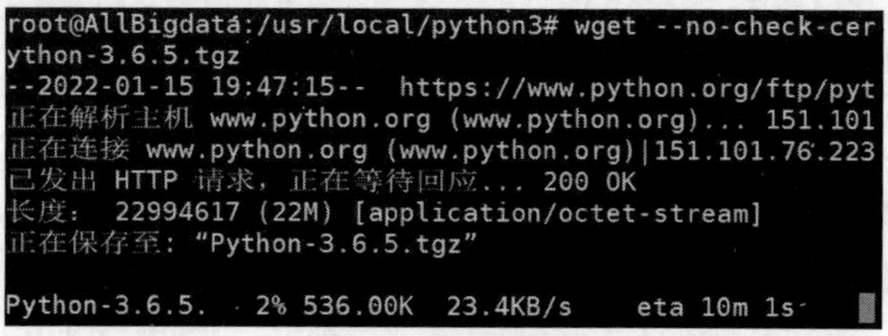

图 2-3　下载进度

4）编译安装

进入该 Python 3.6.5 文件中进行编译安装，代码如下：

```
#进入解压完的文件夹
cd Python-3.6.5
#编译
sudo ./configure --prefix=/usr/local/python3
#安装
make
make install
#如在编译过程报错可使用这条命令解决
sudo apt-get install build-essential
```

5）创建链接

在编译与安装完成后，再创建 Python 3 的软链接，代码如下：

```
sudo ln -s /usr/local/python3/bin/python3  /usr/bin/python3
```

这时会报错，显示 failed to create symbolic link '/usr/bin/python3':File exists：无法创建符号链接'/usr/bin/python3'：文件存在，这时使用 rm 删掉相同名称的链接便可，代码如下，创建软链接结果如图 2-4 所示。

```
rm -rf /usr/bin/python3
```

```
root@AllBigdata:/usr/local/python3/Python-3.6.5# rm /usr/bin/python3
root@AllBigdata:/usr/local/python3/Python-3.6.5# sudo ln -s /usr/local/python3/bin/p
ython3  /usr/bin/python3
root@AllBigdata:/usr/local/python3/Python-3.6.5#
```

图 2-4　创建软链接结果

6）测试 Python 3 是否可用

在终端窗口中输入 Python 3 查看是否可用。进入 Python 3 后如图 2-5 所示。

```
root@AllBigdata:/usr/local/python3/Python-3.6.5# python3
Python 3.6.5 (default, Jan 17 2022, 09:19:18)
[GCC 5.4.0 20160609] on linux
Type "help", "copyright", "credits" or "license" for more information.
>>>
```

图 2-5　进入 Python 3

7）安装 setuptools

在安装 pip 之前，需要先安装 setuptools，它是一组 Python 的 distutilsde 工具的增强工具，能够让程序员更方便地创建和发布 Python 包，特别是那些对其他包具有依赖性的情况。当需要安装第三方 Python 包时，可能会用到 easy_install 命令。使用 easy_install 命令实际上是在调用 setuptools 来完成安装模块的工作。

首先下载软件包，与安装 Python 类似，使用 wget 来进行下载，代码如下，下载 setuptools 如图 2-6 所示。

```
cd /usr/local/python3
wget https://pypi.python.org/packages/source/s/setuptools/setuptools-19.6.tar.gz
```

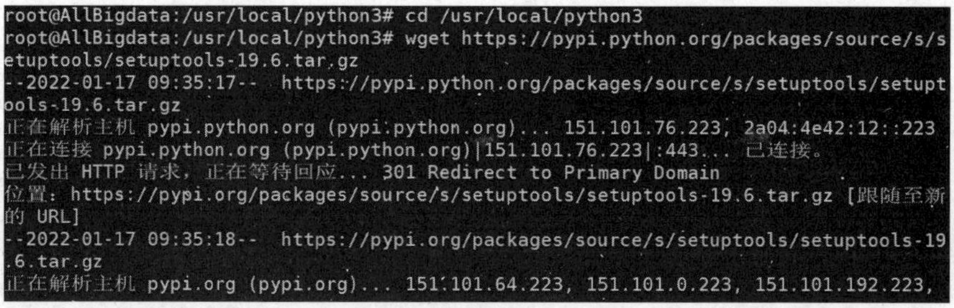

图 2-6　下载 setuptools

8）解压并安装 setuptools 工具，代码如下：

```
#解压软件
tar -zxvf setuptools-19.6.tar.gz
cd setuptools-19.6
#编译并安装
python3 setup.py build
python3 setup.py install
```

9）开始安装 pip

使用 wget 直接从官网拉取软件包，代码如下，下载 pip 包如图 2-7 所示。

```
cd /usr/local/python3
wget --no-check-certificate https://pypi.python.org/packages/source/p/pip/pip-10.0.1.tar.gz
```

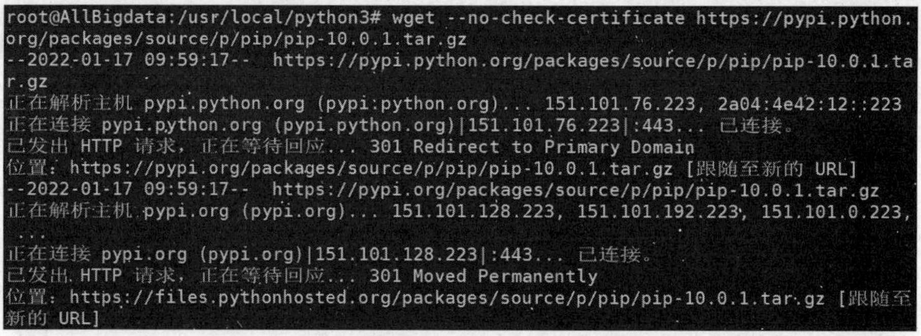

图 2-7　下载 pip 包

之后安装 pip 包，代码如下：

```
#下载完后进行解压
tar -zxvf pip-10.0.1.tar.gz
#解压完成后进入文件夹中进行编译和安装
cd /usr/local/python3/pip-10.0.1
python3 setup.py build
#安装 pip
sudo apt-get install python3-pip
```

10）测试 pip 是否安装成功

使用 pip 安装一个 Python 包，成功则表示 pip 安装成功，如报错或者没有显示，则可使用更新机制，代码如下，测试 pip 是否安装成功如图 2-8 所示。

```
#验证 pip3 安装是否成功
pip3 install ipython
```

```
#查看pip3的版本
pip3 -V
#安装lxml包
pip3 install lxml
#升级pip
sudo pip3 install --upgrade pip
```

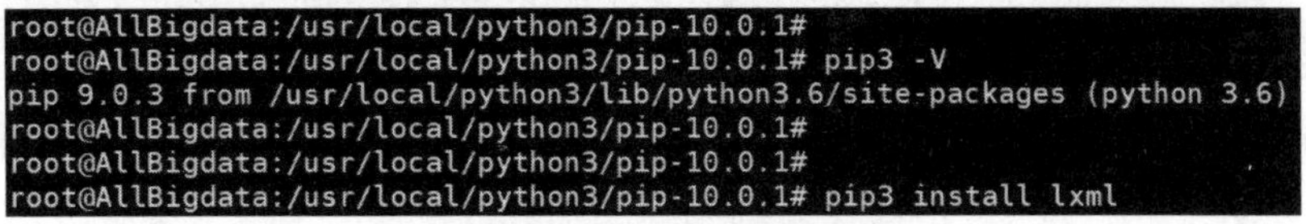

图 2-8　测试 pip 是否安装成功

2.1.2　PyCharm 的安装与使用

PyCharm 是一种 Python IDE，带有一整套能够帮助用户在使用 Python 语言开发时提高效率的工具，如调试、语法高亮、Project 管理、代码跳转、智能提示、自动完成、单元测试、版本控制。另外，该 IDE 能够提供一些高级功能，以用于支持 Django 框架下的专业 Web 开发。

1. 下载 PyCharm 安装包

首先要下载 PyCharm 的安装包，下载地址为 https://www.jetbrains.com/pycharm/download/#section=linux，PyCharm 官网如图 2-9 所示。

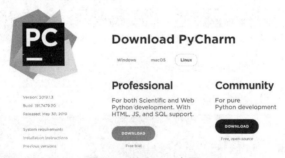

图 2-9　PyCharm 官网

2. 把该文件移动到 python 文件夹中解压并赋予权限

```
#进入安装目录
cd /usr/local/python3
#解压安装文件
tar -zxvf pycharm-professional-2021.3.1.tar.gz
#权限设置
chmod -R 777 /usr/local/python3/pycharm-2021.3.1
```

3. 安装前修改 hosts 文件

```
#在终端设备中输入命令
vi /etc/hosts
#在打开的文件中加入下面的代码
0.0.0.0 account.jetbrains.com
```

配置 hosts 如图 2-10 所示。

4. 进入 PyCharm 下的 bin 目录中，执行 sh 命令开始安装

```
#安装命令
cd /usr/local/python3/pycharm-2021.3.1/bin
export DISPLAY=localhost:0.0
sh ./pycharm.sh
```

在弹出的窗口中单击 OK 按钮。之后弹出 PyCharm Privary Policy Agreement 对话框，即隐私政策协议，直接单击 Continue 按钮同意。在弹出的发送请求中，单击发送统计信息。选择风格，单击 Next:Featuredplugins，再单击 StartusingPyCharm。

5. 搭建 Python 解释器

打开设置界面，配置 PyCharm 如图 2-11 所示。

图 2-10 配置 hosts　　　　　　　图 2-11 配置 PyCharm

搭建 Python 解释器，选择 Python 的安装路径后单击 OK 按钮确定，进入 Python 解释器配置，如图 2-12 所示，配置 Python 解释器路径如图 2-13 所示。

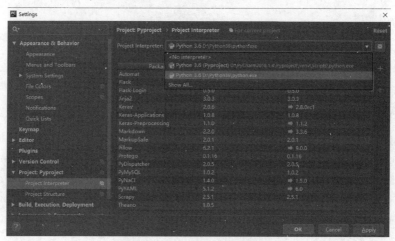

图 2-12 进入 Python 解释器配置

6. 创建项目与文件

打开 PyCharm 软件，单击创建新项目，选择存放的项目路径及名称后，选择建好的 Python 环境，配置 Python 解释器如图 2-14 所示。

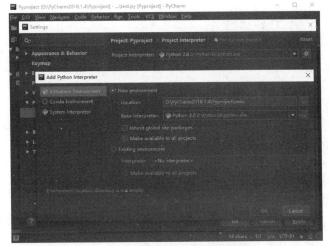

图 2-13　配置 Python 解释器路径

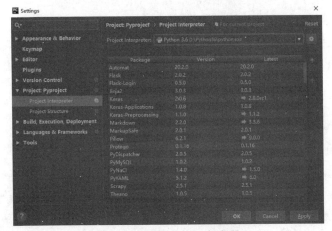

图 2-14　配置 Python 解释器

新建 Python 文件，右击项目名，选择 New→Python-File，输入代码。第一次运行右击编辑区域，单击 Run 命令，以后可直接单击右上角或者左下角的绿三角 ▶ 按钮，在 PyCharm 软件中运行 Python 如图 2-15 所示。

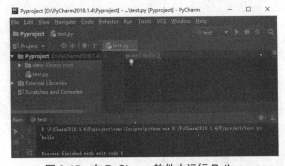

图 2-15　在 PyCharm 软件中运行 Python

到这里，Linux 系统的 PyCharm 就已经安装完成，Windows 系统下的 PyCharm 安装方法与此类似，不同是路径的选择及 host 文件部分。

2.2 HTML 基本原理

2.2.1 HTML 简介

1. HTML 解释

（1）HTML 是指超文本标记语言（Hyper Text Markup Language）。
（2）HTML 不是一种编程语言，而是一种标记语言（Markup Language）。
（3）标记语言是一套标记标签（Markup Tag）。
（4）HTML 使用标记标签来描述网页。

2. HTML 标签

（1）HTML 标签是由尖括号包围的关键词，如<html>。
（2）HTML 标签通常是成对出现的，如和。
（3）标签对中的第一个标签是开始标签，第二个标签是结束标签。
（4）开始标签和结束标签也被称为开放标签和闭合标签。

3. HTML 文档=网页

（1）HTML 的基本原理是 HTML 文档描述网页。
（2）HTML 文档包含 HTML 标签和纯文本。
（3）HTML 文档也被称为网页。

2.2.2 HTML 的基本原理

1. HTML

HTML 是超文本标记语言，不需要编译，直接经由浏览器执行，例如如下代码：

```
<input type= "text" name= "jake" />
```

2. 基本作用

（1）能够编辑静态网页，在网页显示图片、文字、声音、表格、链接。
（2）静态网页 html 只能够写成静态网页 html。
（3）动态网页是能够交互的，而不是动画。

HTML 发展史如图 2-16 所示。

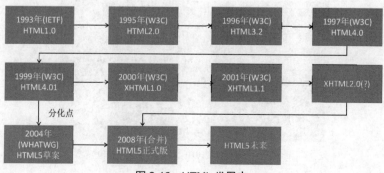

图 2-16　HTML 发展史

2.3 基本库的使用

2.3.1 urllib 库

在 Python 3 中，urllib 和 urllib2 进行归并，目前只有一个 urllib 模块，urllib 和 urllib2 中的内容整合进 urllib.request，urlparse 整合进 urllib.parse。

（1）urlparse 把 urlstr 解析成各个组件，代码如下：

```
#-*- coding:utf-8 -*-
import urllib.request
import urllib.parse
urlstr = "http://www.baidu.com"
parsed = urllib.parse.urlparse(urlstr)
print(parsed)
```

解析组件执行结果如图 2-17 所示。

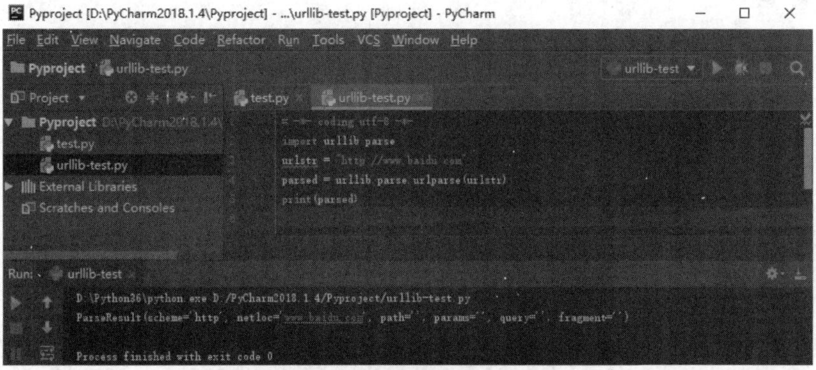

图 2-17　解析组件执行结果

（2）urljoin 把 URL 的根域名和新 URL 拼合成一个完整的 URL，代码如下：

```
import urllib.parse
url = "http://www.baidu.com"
new_path = urllib.parse.urljoin(url,"index.html")
print(new_path)
```

（3）urlopen 打开一个 URL 的方法，返回一个文件对象，而后能够进行类似文件对象的操作，代码如下：

```
import urllib.request
req = urllib.request.urlopen('http://www.baidu.com')
print(req.read())
```

2.3.2 requests 库

requests 库基于 urllib，且比 urllib 更加方便，是 Python 更加简短易懂的 http 库。以下是使用 requests 库的一个例子：

```
import requests
response = requests.get('http://www.baidu.com')
```

```
print(type(response))              #返回值的类型
print(response.status_code)        #当前网站返回的状态码
print(type(response.text))         #网页内容的类型
print(response.text)               #网页的具体内容(html 代码)
print(response.cookies)            #网页的 Cookie
```

requests 中输出网页的 HTML 代码的方法是 response 方法,它相当于 urllib 库的 response.read 方法,只不过不需要进行 decode 操作。打印 Cookie 的操作也比 urllib 简短易懂,只需要使用 Cookie 方法便可,各种请求方式代码如下:

```
import requests
requests.post('http://httpbin.org/post')
requests.delete('http://httpbin.org/delete')
requests.put('http://httpbin.org/put')
requests.head('http://httpbin.org/get')
requests.options('http://httpbin.org/get')
```

2.3.3 re 库

1. match()方法

从字符串头部开始匹配,代码如下:

```
import re
content = 'The123456ismyonephonenumber.'
print(len(content))      #字符串长度
result = re.match(r'^The',content)
                         #使用 match 匹配,第一个参数为正则表达式,第二个为要匹配的字符串
print(result)
print(result.group())    #输出匹配内容
print(result.span())     #输出匹配内容的位置索引
```

match 用法执行结果如图 2-18 所示。

图 2-18　match 用法执行结果

2. 公用匹配

```
import re
content = 'The123456ismyonephonenumber.'
```

```
result = re.match(r'^The.*',content)
print(result)
print(result.group())    #输出匹配内容
print(result.span())     #输出匹配内容的位置索引
```

公用匹配用法如图 2-19 所示。

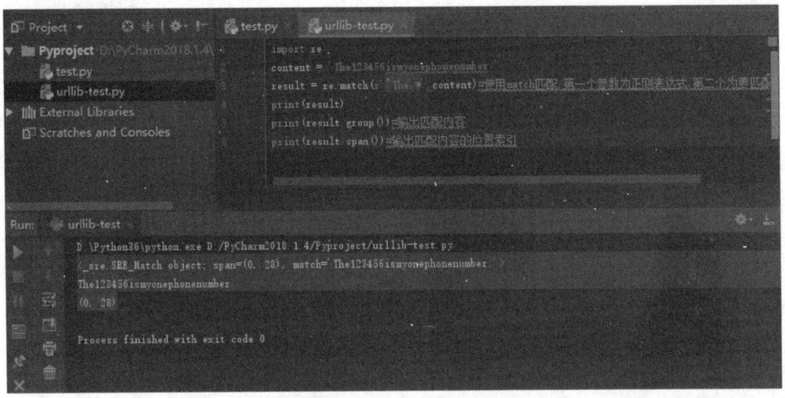

图 2-19 公用匹配用法

3. search()方法

与 match()方法不同,search()方法不需要从头部开始匹配,代码如下:

```
import re
content = 'OtherThe123456ismyonephonenumber.'
result = re.search('The.*?(\d+).*?number.',content)
print(result.group())
```

4. findall()方法

match()方法和 search()方法都是返回匹配到的第一个内容就结束匹配,findall()方法是返回全部符合匹配规则的内容,返回的是一个列表,代码如下:

```
import re
text = 'pyypppyyyypppp'
pattern = 'py'
for match in re.findall(pattern, text):
    print('Found {!r}'.format(match))
```

5. sub()方法

去除或替换匹配的字符。假如写 sub('\d+','-'),则把匹配的内容替换成'-',例子如下:

```
import re
content='54abc59de335f7778888g'
content=re.sub('\d+','',content)
print(content)
```

2.4 实战案例:百度新闻的抓取

1. 获得 URL

打开百度,单击左上角的新闻,百度新闻如图 2-20 所示。

图 2-20　百度新闻

2．元素审查

在打开的界面按下 F12 键或右击选择"检查"选项，选择所要抓取的新闻，能够看到的 URL 地址为：http://news.baidu.com/，百度新闻域名如图 2-21 所示。

图 2-21　百度新闻域名

3．导入模块

导入 urllib 和 re 两个模块，代码如下

```
import urllib.request
import re
```

4．请求 http 页面，响应状态

首先确认 URL 地址后向网站发送请求，查看响应状态码如图 2-22 所示。

```
import requests
url = "http://news.baidu.com"
data = requests.get(url)
print(data)
```

requests.get 发送地址，尝试获得 URL 地址的响应状态后输出响应状态码，返回的值为 200，该类型状态码表示动作被成功接收、理解和接受。

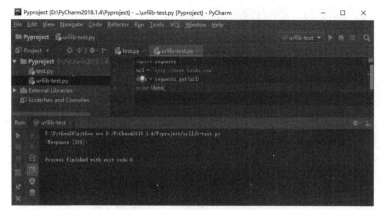

图 2-22　查看响应状态码

5. 抓取百度新闻

在进行模块与库的添加时，要注意 Python 库及模块是否已存在，模块分别是 re、urllib.request 及 datetime。

6. 寻找数据特征

打开百度新闻，网址 URL 为 http://news.baidu.com/，打开网页，按住 F12 键显示开发者工具，浏览器开发者工具如图 2-23 所示。

图 2-23　浏览器开发者工具

7. 查看 HTML 信息

需要抓取的是这个页面每一条新闻的标题，右击一条新闻的标题，选择"查看"选项，出现图 2-24 所示的窗口，则图片中红框的位置便是那一条新闻标题在 HTML 中的结构、位置和表现。

8. 分析网页源代码

从上一步骤中，经由对网页的源代码来进行分析，小标题都位于<strong><a>的标签下面，这时候就可以使用正则的惰性匹配(.*?)来进行对标题的匹配，抓取标题的正则写法如图 2-25 所示。

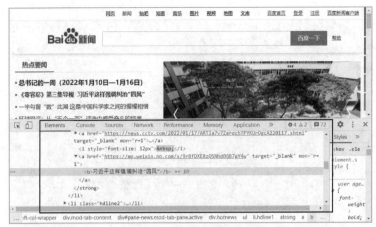

图 2-24　查看网页新闻链接

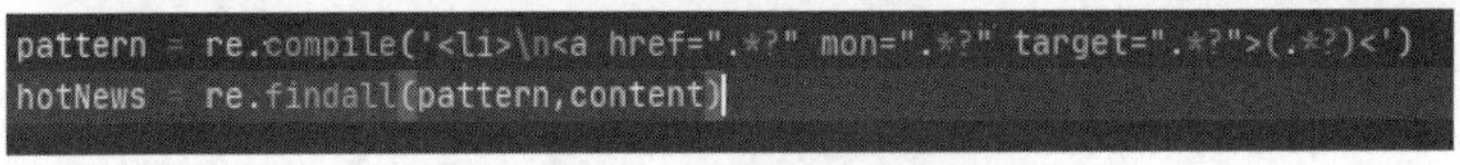

图 2-25　抓取标题的正则写法

9. 准备抓取数据

在把准备工作完成后，开始抓取页面中的数据，整体代码展示如图 2-26 所示。

10. 抓取结果展示如图 2-27 所示。

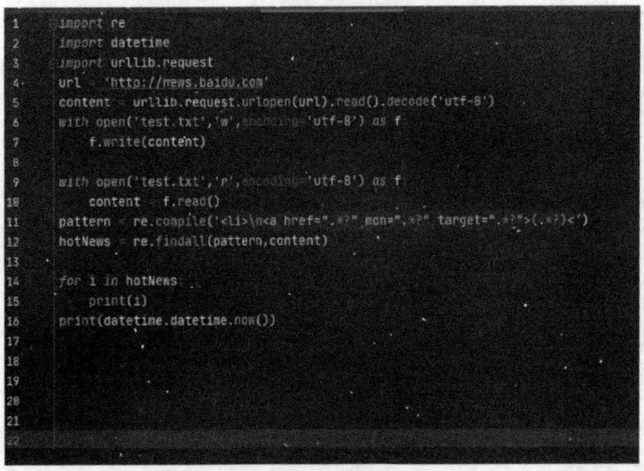

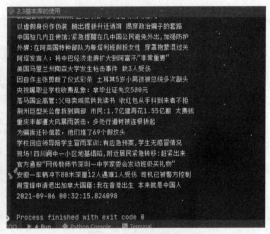

图 2-26　整体代码展示　　　　　图 2-27　抓取结果展示

11. 设置时间点

在图 2-27 中能够看到抓取的内容，在最后一行显示着当前系统的时间，在实际环境中进行抓取的内容可能不止图 2-27 中的这一小部分，而数据内容过多会导致在处理数据时遇到一些问题，所以需要（或可以）在代码中添加一个时间戳。代码如下：

```
#使用到先前所添加的一个模块
import datetime
```

在代码的最后一行添加如下代码，这样在每次抓取完后，当前的系统时间会自动标记在后方。

```
print(datetine.datetime.now())
```

2.5 本章习题

一、单选题

1. Python 是一门（　　）语言。
   A. 解释　　　　　　B. 编译
2. 以下选项中，Python 占位符和替换内容不对应的是（　　）。
   A. %d 整数　　　　B. %f 浮点数　　　　C. %s 字符串　　　　D. %x 复数
3. 常规的 Python 格式化输出不包括（　　）。
   A. []%　　　　　　B. .format()　　　　C. %s
4. Python list 本质上是一种（　　）数据结构。
   A. 列表　　　　　　B. 线性表　　　　　C. 栈　　　　　　　D. 队列
5. list 和 tuple 数据结构最大的区别在于（　　）。
   A. list 可以索引元素，tuple 不可以
   B. tuple 可以索引元素，list 不可以
   C. list 数据是不可变的，tuple 是可变的
   D. list 数据是可变的，tuple 是不可变的
6. 以下选项中，（　　）不属于 Python 数据采集相关的库。
   A. urllib　　　　　B. requests　　　　C. lxml　　　　　　D. openpyxl
7. 以下选项中，Python 机器学习领域的第三方库是（　　）。
   A. scipy　　　　　B. PyTorch　　　　 C. PyQt5　　　　　D. requests
8. 以下选项中，不是 Python 关键字的是（　　）。
   A. do　　　　　　　B. return　　　　　C. except　　　　　D. while

二、判断题

1. 在函数内部没有任何声明的情况下直接为某个变量赋值，这个变量一定是函数内部的局部变量。（　　）
2. 定义类时如果实现了_contains_()方法，该类对象即可支持成员测试运算 in。（　　）
3. 定义类时如果实现了_len_()方法，该类对象即可支持内置函数 len()。（　　）
4. 定义类时如果实现了_eq_()方法，该类对象即可支持运算符==。（　　）
5. Python 常用的数据处理库包括 numpy、pandas 和 PIL。（　　）
6. 定义类时如果实现了_pow_()方法，该类对象即可支持运算符**。（　　）

第 3 章
原生态网络爬虫开发

本章学习目标

- 掌握 Python 的 requests 的使用。
- 了解正则表达式。
- 学会正确使用正则表达式。
- 掌握 Python 对 Excel 文件的读写。

本章先向读者介绍 requests 库的语法与使用，再介绍正则表达式，最后介绍使用 Python 进行 Excel 文件的读写。

3.1 requests 库详解

3.1.1 requests 语法

1. 安装 requests 包

```
pip install requests
```

2. GET 请求

基本 GET 请求，代码如下：

```
import requests
r=requests.get('http://httpbin.org/get')
print(r.text)
```

带参数 GET 请求，代码如下：

```
import requests
r=requests.get('http://httpbin.org/get?name=williams_z&age=21')
param={'name':'williams_z','age':21}                    #注意要用字典形式
r=requests.get('http://httpbin.org/get',params=param)   #加参数用 params 函数
print(r.text)
```

假如想请求 JSON 文件，可利用 JSON()方法解析，以文字为基础且易于让人阅读，同时也

方便机器进行解析和生成，代码如下：

```
import requests
import json
r=requests.get('http://httpbin.org/get')
print(r.json())
```

获得二进制数据，主要用以解析图片和视频等，代码如下：

```
import requests
r=requests.get('http://httpbin.org/get')
print(r.content)
```

保存二进制数据，代码如下：

```
import requests
r=requests.get('https://github.com/favicon.ico')
with open('favicon.ico','wb') as f:
    f.write(r.content)
f.close()
#wb:以二进制格式打开一个文件只用于写入
#w:即为write
#f:即file(文件)
```

添加 headers，代码如下：

```
import requests
headers={'User-Agent':'Mozilla/5.0 (Windows NT 10.0; Win64; x64) AppleWebKit/537.36 (KHTML, like Gecko) Chrome/93.0.4577.82 Safari/537.36 Edg/93.0.961.52'}
r=requests.get('https://www.zhihu.com/explore',headers=headers)
print(r.text)
```

3. 高级操作

文件上传，代码如下：

```
import requests
file={'file':open('favicon.ico','rb')}
r=requests.post('http://httpbin.org/post',files=files)
print(r.text)
```

获得 Cookie，代码如下：

```
import requests
r=requests.get('http://www.baidu.com')
print(r.cookies)
for key,value in r.cookies.items():
    print(key+ '=' +value)
```

证书验证，代码如下：

```
import requests
from requests.packages import urllib3
urllib3.disable_warnings()  #这两句用以消除证书未验证系统弹出的警告
r=requests.get('https://www.12306.cn',verify=False)
print(r.status_code)
```

代理设置，代码如下：

```
import requests
proxies={'http':'http://127.0.0.1:9743','http':'https://127.0.0.1:9744',}
```

```
r=requests.get('https://www.taobao.com',proxies=proxies)
print(r.status_code)
```

socks 代理，需要先安装 requests[socks]模块，代码如下：

```
pip install requests[socks]
proxies={'http':'socks5://127.0.0.1:9742'}
```

认证设置，代码如下：

```
import requests
r=requests.get('http://120.27.34.24:9001',auth=('user','123'))
print(r.status_code)
```

3.1.2　requests 库的使用

1．cookies 的用处

关于需要登录的网站该如何抓取呢？例如知乎网站，需要登录才能进入知乎网，有时候又会发现，由于之前登录过，再次登录的时候便不需要输入密码，这就涉及了 cookies，在网站开发时或多或少一定会用到，以知乎网为例，当提问、评论、点赞的时候，后台程序要获得的用户信息，下次登录时不需要用户名和密码即可自动登录等都和 cookies 有关系。

2．什么是 cookies

cookie 可以翻译为"曲奇、小饼干"，cookie 在网络系统中几乎无处不在，当浏览以前访问过的网站时，网页中可能会出现"你好 XXX"，这会让人感觉很亲切，就如同吃了一个小甜品一样。这其实是经由访问主机中的一个文件来实现的，这个文件便是 cookie。在因特网中，cookie 实际上是指少量信息，是由 Web 服务器创建的，把信息存储在用户计算机上的文件。一般网络用户习惯用其复数形式 cookies，指某些网站为甄别用户身份、进行会话跟踪而存储在用户本地终端上的数据，而这些数据通常会经由加密处理。

3．网络爬虫如何利用 cookies

能够经由 Chrome 开发者工具直接获得登录时的 cookies 信息，在网络爬虫中的请求头中携带 cookies 信息，从而直接抓取需要登录的网站，cookie 的值如图 3-1 所示。

图 3-1　cookie 的值

经由以上代码运行后，能够成功抓取网页信息，代码如下：

```
import requests
headers={
```

```
'cookie':'PHPSESSID=68q6d1mi0sr4ecbcpv7ptu9gh0',
'user-agent':'Mozilla/5.0(X11;Linuxx86_64)AppleWebKit/537.36(KHTML,likeGecko)Ubun
tuChromium/66.0.3359.139Chrome/66.0.3359.139Safari/537.36'
}
r=requests.get('https://www.zhihu.com',headers=headers)
print(r.text)
```

4. 会话对象

有时候不仅仅抓取网站的一个页面，而是抓取多个页面，这就需要发送多个 POST 和 GET 请求，由于 http 是无状态协议，前后几次的请求是互不相关的。举个例子：前一个 requests 请求携带 cookies 信息，成功登录网站，下一个 requests 请求要抓取另一个新的页面，还是要携带 cookies 信息的，requests 为提供 Sessiond 对象来维持一个会话。requests 请求例子代码如下：

```
import requests
requests.get('http://httpbin.org/cookies/set/number/123456')
r = requests.get('http://httpbin.org/cookies')
print(r.text)
```

requests 请求例子如图所示。

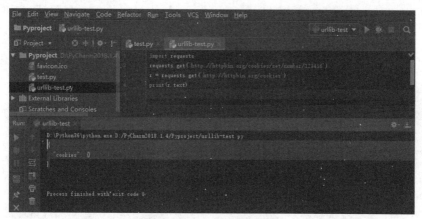

图 3-2 requests 请求例子

请求测试网站时设置 cookies 值再次请求，从而获得 cookies 值时返回空值，说明服务器没反应，两次请求是一个对象发起的，事实上两个请求都是计算机上的同一个程序发起的，再次验证 http 是无状态协议。代码如下：

```
import requests
s = requests.Session()
s.get('http://httpbin.org/cookies/set/number/123456')
r = s.get('http://httpbin.org/cookies')
print(r.text)
```

session 请求如图 3-3 所示。

5. 身份认证

身份认证也称为"身份验证"或"身份鉴别"，是指在计算机及计算机网络系统中确认操作者身份的过程，进而确定该用户是不是具备对某种资源的访问和使用权限，进而使计算机和网络系统的访问策略变得可靠、有效，制止攻击者充作合法用户取得资源的访问权限，保证系统和数据的安全，以及授权访问者的合法利益。

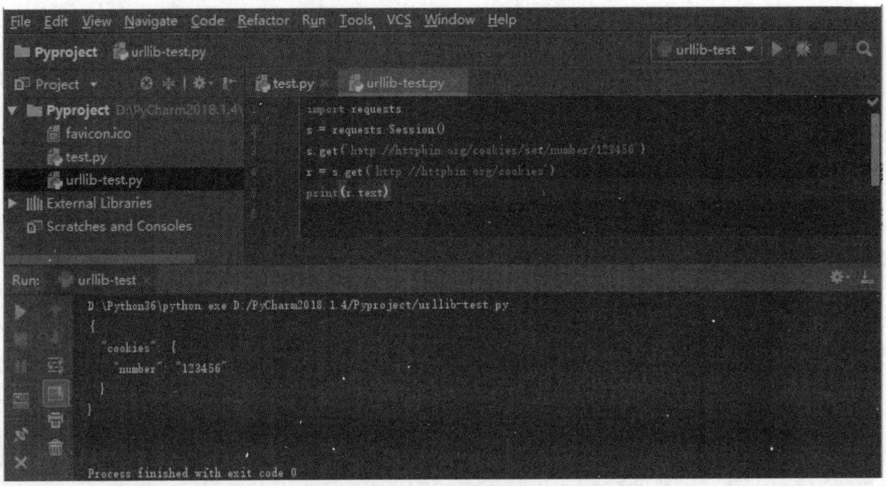

图 3-3　session 请求

有些网站资源需要输入身份验证信息才能访问，许多要求身份认证的 Web 服务都接受 HTTP-Basic-Auth，这是最简短易懂的一种身份认证，并且 requests 对这种认证方式的支持是直接开箱便可用，能够经由下面这种简短易懂的方式实现，代码如下：

```
import requests
r=requests.get('https://api.github.com/user',auth=('myacconut','mypassword'))
print(r.status_code)
r=requests.get('https://api.github.com/user',auth=('123','321'))
print(r.status_code)
```

这里经由 github 的用户身份验证 API，进行测试账号、密码，验证成功返回状态码 200，证明没有问题。假如随意输入一个不存在的账号和密码，返回的状态码为 401 错误，其实是身份验证失败。

6. SSL 证书验证

HTTPS 的安全基础是 SSL，所传输的内容都是经过加密的，而某些网站虽然使用 HTTPS 协议，但还是会被浏览器提示不安全，例如在 Chrome 浏览器里面打开链接为 https://www.12306.cn/，这时浏览器就会提示"您的连接不是私密连接"这样的话，证书不被 CA 机构信任的弹窗提醒如图 3-4 所示。

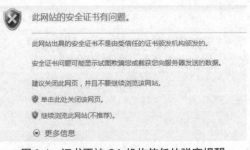

图 3-4　证书不被 CA 机构信任的弹窗提醒

这是由于 12306 的 CA 证书是中国铁道部自行签发的，而这个证书是不被 CA 机构信任的，所以这里证书验证就不会通过而这样提示，但是实际上它的数据传输依然是经由 SSL 加密的。假如要抓取这样的站点，就需要设置忽略证书的选项，否则会提示 SSL 链接错误，代码如下：

```
import requests
r = requests.get('https://www.12306.cn')
print(r.status_code)
print(r.text)
#SSLEroor, SSL 证书错误,这时能够经由设置 verify=False 来关闭 SSL 认证
r=requests.get('https://www.12306.cn',verify=False)
print(r.status_code)
print(r.text)
```

3.2 正则表达式

3.2.1 正则表达式详解与使用

正则表达式,也称为正规表示法、正规表达式、常规表示法,是计算机科学中的一个概念。

正则表达式使用单个字符串来概述、匹配一系列匹配某个句法规则的字符串。在很多文本编辑器里,正则表达式往往被用来检索、替换那些匹配某个模式的文本。

很多程序设计语言都支持利用正则表达式进行字符串操作。例如,在 Perl 中就内建一个功能强大的正则表达式引擎。正则表达式的概念一开始是由 UNIX 中的工具软件普及开的。正则表达式通常缩写成 regex,单数有 regexp、regex,复数有 regexps、regexes、regexen。

re 模块的常用函数如下:

(1) findall 查找所有,返回 list,代码如下:

```
import re
list1 = re.findall("m","mai le fo len mei meme")
print(list1)
```

(2) search 会进行匹配,如果匹配到第一个结果就返回,如果匹配不到则返回 None。代码如下:

```
ret = re.search(r'\d', '5 点之前,要给 5000 万' ).group()
print(ret)
```

(3) finditer 和 findall 差不多,只不过这时返回的是迭代器,代码如下:

```
it = re.finditer("m", "mai le fo len, mai ni mei!")
print(it)
for i in it:
    print(i.group()
)
```

举个例子,假如在写一个网络爬虫,得到一个网页的 HTML 源码,其中有一段,代码如下:

```
<html><body><h1>helloworld</h1></body></html>
```

使用正则表达式进行处理,代码如下:

```
import re
key = r"<html><body><h1>helloworld</h1></body></html>"    #匹配的文本
p1 = r"<h1>(.*?)</h1>"                                    #正则表达式规则
pattern1= re.compile(p1)                                  #编译正则表达式
matcher1 = re.findall(pattern1,key)                       #在源文本中搜索符合正则表达式的部分
print(matcher1[0])                                        #打印因为 findall 返回的是数组,所以要索引 0 取值
```

3.2.2 Python 与 Excel

Python 作为一种脚本语言，相较于 Shell 具有更强大的文件处理能力，一般 Shell 在处理纯文本文件时较为实用，而对特殊文件的处理如 Excel 表格，则 Python 会更运用自如，主要因为目前它能够调用很多第三方功能包来实现想要的功能，Python 读写 Excel 的方式有很多不同的模块，其在读写的讲法上稍有区别，具体区别如下。

- Python 用 xlrd 和 xlwt 进行 Excel 读写。
- Python 用 openpyxl 进行 Excel 读写。
- Python 用 pandas 进行 Excel 读写。

1. 利用 xlrd 和 xlwt 进行 Excel 读写

Ubuntu 环境下，首先是安装第三方模块 xlrd 和 xlwt，代码如下：

```
#安装包
sudo pip install xlrd
sudo pip install xlwt
```

xlrd 读 Excel，代码如下：

```
import xlrd
book=xlrd.open_workbook('学生信息表.xls')
sheet1=book.sheets()[0]
nrows=sheet1.nrows
print(u'表格总行数',nrows)
ncols=sheet1.ncols
print(u'表格总列数',ncols)
row3_values=sheet1.row_values(2)
print(u'第 3 行值',row3_values)
col3_values=sheet1.col_values(2)
print(u'第 3 列值',col3_values)
cell_3_3=sheet1.cell(2,2).value
print(u'第 3 行第 3 列的单元格的值: ',cell_3_3)
```

xlrd 写 Excel，代码如下：

```
import xlwt #不支持excel2007的xlsx格式
workbook=xlwt.Workbook()
worksheet=workbook.add_sheet('test')
worksheet.write(0,0,'A1data')
workbook.save('excelwrite.xls')
```

程序运行后，新建 excelwrite.xls 工作簿并插入 text 工作表，A1 的内容为 A1data。

2. 利用 openpyxl 读写 Excel，注意这里只能是 xlsx 类型的 Excel

Ubuntu 环境下，首先安装的话，运行代码如下：

```
#安装包
sudo pip install openpyxl
```

读 Excel，代码如下：

```
from openpyxl.reader.excel import load_workbook
workbook=load_workbook('学生信息表.xlsx')
worksheet=workbook.worksheets[0]
row3=[item.value for item in list(worksheet.rows)[2]]
```

```
print(u'第 3 行值',row3)
col3=[item.value for item in list(worksheet.columns)[2]]
print(u'第 3 列值',col3)
cell_2_3=worksheet.cell(row=2,column=3).value
print('第 2 行第 3 列值',cell_2_3)
max_row=worksheet.max_row
print(u'最大行',max_row)
```

写 Excel，代码如下：

```
import openpyxl
workbook=openpyxl.Workbook()
sheet=workbook.active
sheet['A1']='hi,python'
workbook.save('new.xlsx')
```

程序运行后，新建 new.xlsx 文件，并插入 sheet 工作表。

3. 利用 pandas 读取 Excel

pandas 的名称来自于面板数据和 Python 数据分析。pandas 是一个数据处理的包，本身提供许多读取文件的函数，如 read_csv、read_excel 等，只需一行代码就能实现文件的读取。代码如下：

```
#Linux 安装 pandas
sudo pip install pandas
```

读 Excel，代码如下：

```
import pandas as pd
df=pd.read_excel(r'学生信息表.xls')
print(df)
```

写 Excel，代码如下：

```
from pandas import DataFrame
data={
'name':[u'张三',u'李四',u'王五'],
'age':[21,22,23],
'sex':[u'男',u'女',u'男']
}
df=DataFrame(data)
df.to_excel('new.xlsx')
```

程序运行后，新建 new.xlsx 文件，并在工作表 sheet1 的 A1:D4 区域中保存内容。

至此，就完成了 Excel 的读写。总的来说，这三种方法都很简短易懂，尤其是第三种方法，一行代码就能搞定。在数据处理中，经常会用到 pandas 这个包，它的功能很强大，当然还有许多其他的包也能够完成 Excel 的读写。

3.3 实战案例：环球新闻的抓取

1. 使用浏览器打开百度

搜索"国内新闻环球网"，如图 3-5 所示。

图 3-5　搜索国内新闻环球网

2. 查看相关的源文件信息

在打开的界面按住 F12 键，单击要抓取的新闻标题，新闻标题所在标签如图 3-6 所示。

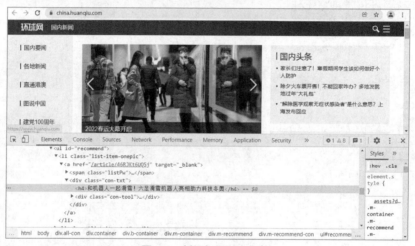

图 3-6　新闻标题所在标签

3. 导入 requests 库

```
import requests
```

4. 请求 http 页面

使用 Python 代码来请求 http 页面，代码如下：

```
import requests
url="http://china.huanqiu.com"
data=requests.get(url)
data.status_code  #查看返回值
```

在这个基础上增加一个打印效果，可以显示返回的请求状态，完整代码如下：

```
import requests
url="http://china.huanqiu.com"
data=requests.get(url)
data.status_code
print(data)   #输出返回值
```

抓取的新闻标题返回结果如图 3-7 所示。

图 3-7　抓取的新闻标题返回结果

结果返回的值为 200，该类型状态码表示动作被成功接收、理解和接受。其常见的网页返回值及相对应的含义有：http 状态返回代码 1xx（临时响应）；http 状态返回代码 3xx（重定向）；http 状态返回代码 4xx（请求错误）；http 状态返回代码 5xx（服务器错误）。

5. 使用的模块

在进行模块与库的添加时，要注意 Python 库中是否已存在，所使用的模块有 re、urllib.request 等库，没有相应的库可进行安装的代码如下：

```
pip install re
```

导入库的代码如下：

```
#-*-coding: utf-8-*-
import urllib.request
import urllib
import re
```

6. 观察网页规律，抓取相关数据包

通过观察，会发现这个网站的新闻一直往下滑才会有新的加载，是一种懒加载，观察抓包请求会发现，新闻的标题、时间戳、来源、摘要等都在数据包内，请求链接只有 offset 发生变化，观察网页新闻所在数据包如图 3-8 所示。

图 3-8　观察网页新闻所在数据包

7. 构造发送请求

获取第一页网页源码如图 3-9 所示。

图 3-9 获取第一页网页源码

8. 使用正则表达式解析数据

最后将数据以字典的形式保存，代码如下：

```
aid_list = re.findall('"aid": "(.*?)",',response)
title_list = re.findall('"title": "(.*?)",',response)
summary_list = re.findall('"summary": "(.*?)",',response)
source_list = re.findall('"source" :.*?"url":"(.*?)"},',response)
#将每一页的标题、编号等数据放到字典里面
data = {
    '编号':aid_list,
    '标题':title_list,
    '摘要':summary_list,
    '来源链接':source_list
}
```

9. 观察新闻的链接

发现每个新闻的 href 都含有 aid，单击进去新闻的网址链接形式为 https://china.huanqiu.com/article/44stNassPJQ，如图 3-10 所示。

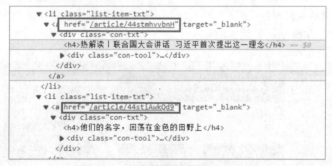

图 3-10 每个新闻的链接都含有 aid

10. 遍历 aid 列表

访问每个新闻的内容进行抓取。观察新闻内容所在标签，会发现每个文章的开始都有一个 \<article\>，结尾都有一个 \</article\>，那么就抓取这个里面的内容，使用正则表达式进行匹配，新闻内容所在标签如图 3-11 所示。

保存新闻内容和环球网首页信息，抓取一页新闻的内容就停 1 秒，防止触发反爬机制，代码如下：

```
import time
import requests
import re
```

```
    for aid in aid_list:
        zi_url = 'https://china.huanqiu.com/article/' + aid
        response = requests.get(zi_url, headers=headers).text
        text_list = re.findall('<article><section data-type="rtext"><p>(.*)</p>.*?</article>',
response)
        for i in text_list:
            with open('新闻内容.txt','a',encoding='utf-8') as f:
                f.write(i+'\n'+'-'*100+'\n')
        time.sleep(1)
```

图 3-11 新闻内容所在标签

11. 抓取多页并整合代码

抓取新闻内容如图 3-12 所示。

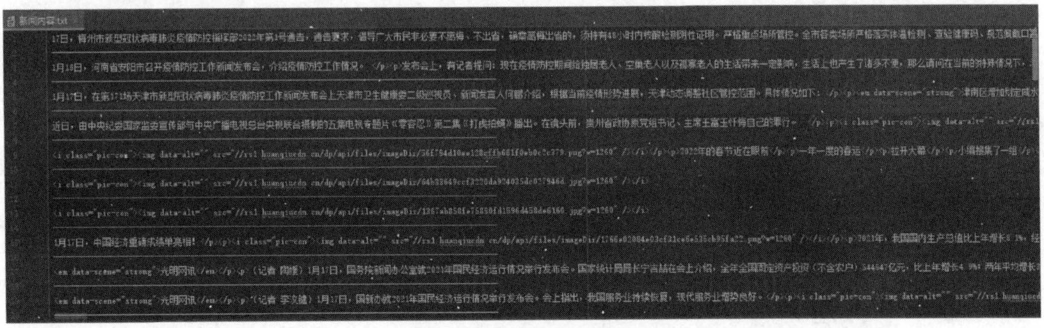

图 3-12 抓取新闻内容

完整的代码如下：

```
import time
import requests
import urllib.request
import urllib
import re
#抓取的页数从1开始,每一页抓取20条新闻
for num in range(1,20):
    url = 'https://china.huanqiu.com/api/list?node=%22/e3pmh1nnq/e3pmh1obd%22,%22/
```

```
e3pmh1nnq/e3pn61c2g%22,%22/e3pmh1nnq/e3pn6eiep%22,%22/e3pmh1nnq/e3pra70uk%22,%22/e3pm
h1nnq/e5anm31jb%22,%22/e3pmh1nnq/e7tl4e309%22&offset={}&limit=20'.format(num*20)
    headers = {
        'user-agent': 'Mozilla/5.0 (Windows NT 10.0; Win64; x64) AppleWebKit/537.36(KHTML,
like Gecko) Chrome/93.0.4577.82 Safari/537.36 Edg/93.0.961.52'
    }
    req = urllib.request.Request(url,headers=headers)
    response = urllib.request.urlopen(req).read().decode('utf-8')
    #匹配当前页面的 aid
    aid_list = re.findall('"aid": "(.*?)",',response)
    title_list = re.findall('"title": "(.*?)",',response)
    summary_list = re.findall('"summary": "(.*?)",',response)
    source_list = re.findall('"source" :.*?"url":"(.*?)"},',response)
    for aid in aid_list:
        try:
            zi_url = 'https://china.huanqiu.com/article/' + aid
            response = requests.get(zi_url, headers=headers).text
            text_list = re.findall('<article><section data-type="rtext"><p>(.*)</p>.
*?</article>', response)
            for i in text_list:
                with open('新闻内容.txt','a',encoding='utf-8') as f:
                    f.write(i+'\n'+'-'*100+'\n')
            time.sleep(0.5)
        except:
            print('访问过于频繁')
    #将本页的基本信息用字典的形式保存
    data = {
        '编号':aid_list,
        '标题':title_list,
        '摘要':summary_list,
        '来源链接':source_list
    }
    with open('环球新闻网.txt','a',encoding='utf-8') as f:
        f.write(str(data)+'\n')
```

在实际环境中进行抓取的内容不止图 3-12 中的这一小部分,而数据内容过多会导致在处理数据时遇到一些问题,所以可以在代码中添加一个获得当前时间的语句。

在整体代码的上方或者在结尾处添加一个时间代码,代码如下:

```
#引入 datetime 库
import datetime
#获得当前系统时间
print(datetime.datetime.now())
```

在代码的最后一行添加如下代码,这样在每次抓取完后,当前的系统时间会自动标记在后方,获取当前系统时间如图 3-13 所示。

图 3-13 获取当前系统时间

3.4 本章习题

一、单选题

1. 正则表达式，也称为正规表示法、正规表达式、（　　）表示法
   A. 常规　　　　　　B. 正常　　　　　　C. 普及　　　　　　D. 普遍
2. 正则表达式是一个很强大的（　　）处理工具。
   A. 细节　　　　　　B. 信　　　　　　　C. 字符　　　　　　D. 字符串
3. 正则表达式本质上是一个微小的且高度专业化的（　　）语言。
   A. 编程　　　　　　B. 汇编　　　　　　C. 机器　　　　　　D. 二进制
4. 正则表达式语言相对较小，并且受到限制，所以不是所有可能的字符串处理任务都可以使用（　　）来完成。
   A. 简单表达式　　　B. 编写表达式　　　C. 复杂表达式　　　D. 正则表达式
5. requests 的 get()方法是我们做网络爬虫时最常用的使用方法，用于（　　）。
   A. 捕捉网页　　　　B. 获取网页　　　　C. 下载网页　　　　D. 占用网页

二、简答题

1. 什么是正则表达式？
2. 简述 re 库在网络爬虫中的使用。
3. 如何进行 Excel 表格读取？

第 4 章 解析 HTML 内容

本章学习目标

- 掌握 XPath 的使用。
- 掌握 lxml 库的安装及常见方法的使用。
- 了解 Chrome 浏览器对网站的分析。
- 了解 BeautifulSoup 的使用。
- 了解 Selenium 的使用。
- 了解验证码的使用。
- 掌握模拟登录。

本章先向读者介绍 XPath、lxml 库的安装与使用、Chrome 浏览器分析网站，再介绍页面请求与 JSON、模拟浏览器、模拟登录与验证，最后介绍验证码的使用。

4.1 XPath 的介绍与使用

4.1.1 XPath 的介绍

1. XPath 的含义

XPath 即为 XML 路径语言，它是一种用来肯定 XML 文档中某部分位置的语言。XPath 可用来在 XML 文档中对元素和属性进行遍历。XPath 是一门在 XML 文档中查找信息的语言。XPath 用于在 XML 文档中经由元素和属性进行导航。

（1）XPath 使用路径表达式在 XML 文档中进行导航。
（2）XPath 包含一个标准函数库。
（3）XPath 是 XSLT 中的主要元素。
（4）XPath 是一个 W3C 标准。

2. 节点

在 XPath 中，有七种类型的节点：元素、属性、文本、命名空间、处理指令、注释以及文档节点。XML 文档是被作为节点树来看待的。

4.1.2　XPath 的使用

（1）导包。

```
from lxml import etree
```

（2）基本使用。

打印 HTML 其实是一个 Python 对象 etree.tostring(html)补全缺少的标签，代码如下，获取当前系统时间如图 4-1 所示。

```
from lxml import etree
wb_data = """
        <div>
            <ul>
                <li class="item-0"><a href="link1.html">first item</a></li>
                <li class="item-1"><a href="link2.html">second item</a></li>
                <li class="item-inactive"><a href="link3.html">third item</a></li>
                <li class="item-1"><a href="link4.html">fourth item</a></li>
                <li class="item-0"><a href="link5.html">fifth item</a>
            </ul>
         </div>
        """
html = etree.HTML(wb_data)
print(html)
result = etree.tostring(html)
print(result.decode("utf-8"))
```

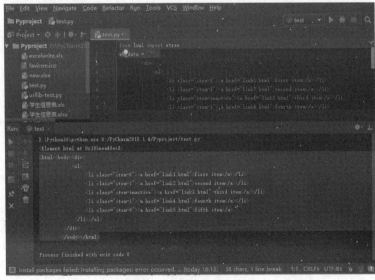

图 4-1　获取当前系统时间

（3）获得某个标签的内容。

获得 a 标签的全部内容，a 后面就不用再加正斜杠，否则报错，在前面代码中加入下面代码，获得 a 标签的全部内容写法，如图 4-2 所示。

```
from lxml import etree
html = etree.HTML(wb_data)
html_data = html.xpath('/html/body/div/ul/li/a')
print(html)
for i in html_data:
    print(i.text)
```

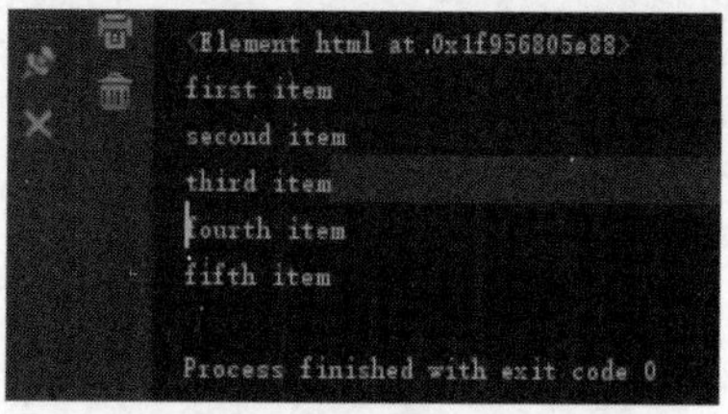

图 4-2　获得 a 标签的全部内容写法

（4）打开读取 html 文件。

```
#使用 parse 打开 html 的文件，打印是一个列表，需要遍历
html = etree.parse('test.html')
html_data = html.xpath('//*')
print(html_data)
for i in html_data:
    print(i.text)
html = etree.parse('test.html')
html_data = etree.tostring(html,pretty_print=True)
res = html_data.decode('utf-8')
print(res)
```

（5）打印指定标签的属性值。

打印指定路径下 a 标签的属性，代码如下：

```
html=etree.HTML(wb_data)
html_data=html.xpath('/html/body/div/ul/li/a/@href')
for i in html_data:
    print(i)
```

（6）拿到 ElementTree 对象。

使用 XPath 拿到的都是一个 ElementTree 对象，所以假如需要查找内容，还需要遍历拿到数据的列表，查到绝对路径下 a 标签属性等于 link2.html 的内容，代码如下：

```
html = etree.HTML(wb_data)
html_data = html.xpath('/html/body/div/ul/li/a[@href="link2.html"]/text()')
print(html_data)
for i in html_data:
    print(i)
```

（7）查找标签内容。

前面找到的都是绝对路径，每一个都是从根开始查找，下面查找相对路径，例如查找全部 li 标签下的 a 标签内容，代码如下：

```
html = etree.HTML(wb_data)
html_data = html.xpath('//li/a/text()')
print(html_data)
for i in html_data:
```

```
    print(i)
```

（8）使用绝对路径，查找全部 a 标签的属性等于 href 属性值。

利用的是绝对路径，下面使用相对路径，查找一下相对路径下 li 标签下的 a 标签下 href 属性的值，代码如下：

```
html = etree.HTML(wb_data)
html_data = html.xpath('//li/a//@href')
print(html_data)
for i in html_data:
    print(i)
```

（9）相对路径下跟绝对路径下查特定属性的方法类似，代码如下：

```
html=etree.HTML(wb_data)
html_data=html.xpath('//li/a[@href="link2.html"]')
print(html_data)
for i in html_data:
    print(i.text)
```

（10）查找最后一个 li 标签里的 a 标签的 href 属性，代码如下：

```
html=etree.HTML(wb_data)
html_data=html.xpath('//li[last()]/a/text()')
print(html_data)
for i in html_data:
    print(i)
```

（11）查找倒数第二个 li 标签里的 a 标签的 href 属性，代码如下：

```
html = etree.HTML(wb_data)
html_data = html.xpath('//li[last()-1]/a/text()')
print(html_data)
for i in html_data:
    print(i)
```

4.2　lxml 库的安装与使用

4.2.1　lxml 库的安装

lxml 是 Python 的一个解析库，支持 HTML 和 XML 的解析，支持 XPath 解析方式，并且解析效率十分高。下面主要介绍在 Linux 系统下安装 lxml 库。

在 Ubuntu16 的环境下，可以使用 pip 安装，和 Windows 系统基本一致，代码如下：

```
rm -rf /usr/bin/lsb_release
pip3 install lxml
```

报错的原因同样可能是缺少必要的类库，运行如下代码进行安装：

```
sudo apt-get install -y python3-dev build-essential libssl-dev libffi-dev libxml2 libxml2-dev libxslt1-dev zlib1g-dev
```

4.2.2　lxml 库的常见方法使用

text.xml 的 HTML 示例代码如下：

```
text = '''
<div>
    <ul>
        <li class="item-0"><a href="link1.html">first item</a></li>
        <li class="item-1"><a href="link2.html">second item</a></li>
        <li class="item-inactive"><a href="link3.html">third item</a></li>
        <li class="item-1"><a href="link4.html">fourth item</a></li>
        <li class="item-0"><a href="link5.html">fifth item</a>
    </ul>
 </div>
'''
```

（1）使用 lxml 的 etree 库，把其打印出来，代码如下：

```
#导入 lxmletree 库
import lxml
from lxml import etree
#获得 html 内容元素
htmlEmt=etree.HTML(text)
#把内容元素转换为字符串
result=etree.tostring(htmlEmt)
#utf-8 格式输出
print(result.decode("utf-8"))
```

打印 HTML 结果如图 4-3 所示。

图 4-3　打印 HTML 结果

（2）文件读取。

利用 parse 方法来读取为 text.xml 的文件，代码如下：

```
import lxml
from lxml import etree
#text.xml 是一个 xml 文件，并在当前文件同目录下
```

```
htmlEmt = etree.parse('text.xml')
result = etree.tostring(htmlEmt, pretty_print=True)
#输出最终结果
print(result)
```

(3) XPath 实例测试。

以上一段 text.xml 文件为例获得全部的<li>标签, 代码如下:

```
import lxml
from lxml import etree
#获得文件元素
htmlEmt=etree.parse('text.xml')
#获得全部的<li>标签
result=htmlEmt.xpath('//li')
print(result)
#获得标签数量
print(len(result))
#取出第一个li标签
print(result[0])
```

获得全部的<li>标签, 如图 4-4 所示。

图 4-4 获得全部的<li>标签

4.3 Chrome 浏览器分析网站

平常在浏览器中看到的网页都是比较规整的, 新浪首页如图 4-5 所示, 但抓取到的网页源代码却是一个很繁杂的文件, 新浪首页网页的源代码如图 4-6 所示, 想要精准找到需要抓取的信息, 首先需要借助浏览器, 对目标网站进行分析。

1. 打开浏览器, 进入目标网站

目标站点为 http://nj.rent.house365.com, 365 淘房网首页如图 4-7 所示。

2. "检查" 目标站点

在网页中右击选择 "检查" 选项, 或者按 F12 键, 进入查看元素页面, 开始打开后解析部分可能位于页面右侧, 其中 Elements 显示的便是网页的源代码, 另一个很重要的部分是 Network, 打开开发者工具如图 4-8 所示。

图 4-5　新浪首页

图 4-6　新浪首页网页的源代码

图 4-7　365 淘房网首页

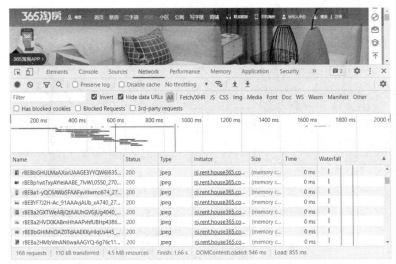

图 4-8　打开开发者工具

3. 利用 Chrome 查找需要提取信息的位置

接下来首先单击图 4-9 中红色方框选中的按钮，当鼠标停留在网页中的某个内容上时，Elements 中会定位到该内容在源代码中的位置，淘房网网页数据标签如图 4-9 所示，知道需要提取的内容位置及结构后，便能用正则表达式或其解析库提取信息，不过在开始提取信息前还要做一个检查。

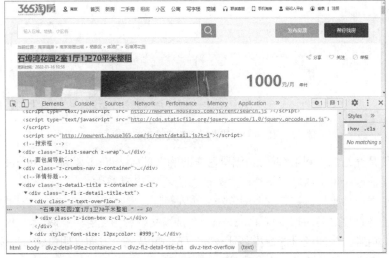

图 4-9　淘房网网页数据标签

4. 检查的详细步骤

检查的步骤如图 4-10 所示，当前网页响应搜索关键词如图 4-11 所示，共分为八步，①单击 Network，②勾选 Preserve log，③单击 Doc，④单击"清理"按钮，⑤刷新页面，⑥单击网址链接，⑦选中 Response。⑧需要检查在 Response 中，能否搜索到想要的信息，按 Ctrl+F 快捷键搜索。假如能搜索到，便能够编辑网络爬虫。假如搜索不到，可能需要抓取的信息是 JS 动态加载的，抓取它需要采用模拟浏览器的方式。

图 4-10　检查的步骤

图 4-11　当前网页响应搜索关键词

以上主要是介绍怎样利用 Chrome 浏览器帮助解析目标站点，主要利用 Chrome 的检查功能，分析网页结构，定位网页内容。检查网页为静态的还是 JS 动态生成的。

都要做这样一件事情，打开一个浏览器，输入网址，按<Enter>键，一个空白的页面顿时有东西，它可能是百度之类的搜索页面，或是一个挤满文字和图片的门户网站。从打开浏览器，到看到想看的内容，中间经过的流程是什么呢？下面就从三个方面弄明白这个过程，第一个是 Web，第二个是浏览器，第三个是服务器。

1. world-wide-web

一般来说，这种经由浏览器来访问资源的技术，即常常说的上网，大部分都是指上万维网，可是有人经常把万维网和因特网搞混。因特网是一种网络互连的技术，它更指的是物理层面上的互连，而万维网算是跑在因特网上的一种服务。

通常经由浏览器访问 Web，常见到的网页中包含超文本、图片、视频和音频等各项内容。提供这些资源的是一个一个的站点，经由互联网，这些站点相互连接起来。经由超链接从一个网页访问到另外一个网页，从一个站点到另外一个站点的这一切组成一个庞大的网，这就是 Web。

2. 浏览器

在 Web 的世界里最不能少的角色便是浏览器。前面说到 HTTP 协议，HTTP 消息有两种，即 Request 和 Response。浏览器的首要工作便是发送报文和接收处理报文，一个软件只要完成下面几个功能，基本上就能称之为一个浏览器，功能如下：

（1）能够根据用户的请求生成合适的 HTTP 的 request 报文。例如用户在浏览器地址栏上输入地址进行访问，浏览器要能够生成 HTTP 的 GET 报文，表单的发送生成 POST 报文等。

（2）能够对各种的 Response 进行处理。

（3）渲染 HTML 文档，生成文档树，能够解释 css，还要有个 javascript 引擎。

（4）能够发起 DNS 查询得到 IP 地址。

（5）浏览器是个十分复杂的软件，当然如今的浏览器对 http 协议的支持不是问题，它们主要纠结于 HTML 文档渲染部分，关于用户层出不穷的新需求，浏览器的路应该才刚刚开始。

3. 服务器

服务器有两个层级的概念，它可以是机器，上面存着一个站点的全部东西，也可以是软件，安装在服务器上，帮助这个机器分发用户想要的东西。

服务器最基本的功能便是响应客户端的资源请求。服务器首先会侦听 80 端口，收到 http 请求，然后根据请求进行处理。假如请求一个图片，那就根据路径找到资源发回，请求静态 HTML 页面也是如此，假如请求的是像 php 这样的动态页面，应该先调用 php 解释器生成 HTML 代码，而后返回给客户端。

4.4 BeautifulSoup 的安装与使用

BeautifulSoup 是 Python 的一个 HTML 或 XML 的解析库，能够用它来方便地从网页中提取数据。它拥有强大的 API 和多样的解析方式。

1. BeautifulSoup 安装

如下所示为一段不规则的代码：

```
html="""
<html><head><title>The Dormouse's story</title></head>
<body>
<p class="title"><b>The Dormouse's story</b></p>
<p class="story">Once upon a time there were three little sisters; and their names were
<a href="http://example.com/elsie"class="sister"id="link1">Elsie</a>,
<a href="http://example.com/lacie"class="sister"id="link2">Lacie</a> and
<a href="http://example.com/tillie"class="sister"id="link3">Tillie</a>; and they lived at the bottom of a well.</p>
<pclass="story">...</p>
"""
```

BeautifulSoup 生成的剖析树提供简短易懂又便利的导航，搜索和修改剖析树的操作，经由 BeautifulSoup 可以把指定的 class 或 id 值作为参数，来直接获得对应标签的相关数据。这样的处理方式简洁明了，能够大大节省编程的时间。

BeautifulSoup 和 lxml 解析器的安装，在 Linux 平台上安装时需要打开终端命令窗口，代码如下，安装 BeautifulSoup4 模块如图 4-12 所示。

```
pip3 install BeautifulSoup4
pip3 install lxml
```

图 4-12 安装 BeautifulSoup4 模块

2. 验证安装

安装完成之后，运行下面的代码验证一下：

```
from bs4 import BeautifulSoup
soup=BeautifulSoup(html,'lxml')
print(soup.prettify())
```

注意，这里尽管安装的是 BeautifulSoup 这个包，但是在引入的时候却是 bs4。这是由于这个包源代码本身的库文件夹名称便是 bs4，所以安装完成之后，这个库文件夹就被移入本机 Python 3 的 lib 库，所以识别到的库文件名就是 bs4。因而，包本身的名称和使用时导入的包的名称并不一定是完全一致的。

3. 基本用法

下面首先用实例来看看 BeautifulSoup 的基本用法，代码如下：

```
html="""
<html><head><title>TheDormouse'sstory</title></head>
<body>
<pclass="title"name="dromouse"><b>TheDormouse'sstory</b></p>
<pclass="story">Onceuponatimetherewerethreelittlesisters;andtheirnameswere
<ahref="http://example.com/elsie"class="sister"id="link1"><!--Elsie--></a>,
<ahref="http://example.com/lacie"class="sister"id="link2">Lacie</a>and
<ahref="http://example.com/tillie"class="sister"id="link3">Tillie</a>;
andtheylivedatthebottomofawell.</p>
<pclass="story">...</p>
"""
from bs4 import BeautifulSoup
soup=BeautifulSoup(html,'lxml')
print(soup.prettify())
print(soup.title.string)
```

这里首先声明变量 html，它是一个 HTML 字符串。但是需要注意的是，它并不是一个完整的 HTML 字符串，因为 body 和 html 节点都没有闭合。看成第一个参数传给 BeautifulSoup 对象，该对象的第二个参数为解析器的类型，此时就完成了 BeautifulSoup 对象的初始化。而后，把这个对象赋值给 soup 变量。

接下来，就能够调用 soup 的各个方法和属性来解析这串 HTML 代码。

首先，调用 prettify()方法。这个方法能够把要解析的字符串以标准的缩进格式输出。这里需要注意的是，输出结果里面包含 body 和 html 节点，也就是说对于不标准的 HTML 字符串，BeautifulSoup 能够自动更正格式。这一步不是由 prettify() 方法做的，而是在初始化 BeautifulSoup 时就完成了。

然后调用 soup.title.string，这实际上是输出 HTML 中 title 节点的文本内容。所以 soup.title 能够选出 HTML 中的 title 节点，再调用 string 属性就能够得到里面的文本，所以能够通过调用几个属性完成文本提取。

4.5 实战案例：BeautifulSoup 的使用

1. 前期准备

在开始之前，要确保在本地的系统环境中已经正确安装完成 BeautifulSoup 和 lxml。

BeautifulSoup 在解析时实际上依附解析器，它不仅支持 Python 标准库中的 HTML 解析器，还支持一些第三方解析器。BeautifulSoup 支持的解析器如表 4-1 所示。

表 4-1 BeautifulSoup 支持的解析器

解析器	使用方法	优势	劣势
Python 标准库	BeautifulSoup(markup,"html.parser")	Python 的内置标准库，执行速度适中，文档容错能力强	Python 2.7.3 及 Python 3.2.2 之前的版本文档容错能力差
xml HTML 解析器	BeautifulSoup(markup, "lxml")	速度快，文档容错能力强	需要安装 C 语言库
lxml XML 解析器	BeautifulSoup(markup, "xml")	速度快，唯一支持 XML 的解析器	需要安装 C 语言库
html5lib	BeautifulSoup(markup, "html5lib")	最好的容错性，以浏览器的方式解析文档，生成 HTML5 格式的文档	速度慢，不依赖外部扩展

2. BeautifulSoup 的基本用法

创建对象，BeautifulSoup 把 HTML 解析为对象进行处理，将全部页面转变为字典或者数组，相对于正则表达式的方式，能够大大简化处理过程，代码如下：

```
#导入库
from bs4 import BeautifulSoup
import urllib.request
#创建实例，以百度为例子
url='http://www.baidu.com'
#打开和浏览 URL 中内容
resp=urllib.request.urlopen(url)
#返回 html 对象
html=resp.read()
#创建对象
bs=BeautifulSoup(html)
#格式化输出该内容
print(bs.prettify())
```

1）节点选择器

直接调用节点的名称就能够选择节点元素，例如，调用 string 属性就能够得到节点内的文本，这类选择方式速度十分快。假如单个节点的结构层次十分清晰，就能够选用这类方式来解析。下面使用一个例子来详细说明选择元素的方法，网页源代码如下：

```
html="""
<html><head><title>TheDormouse'sstory</title></head>
<body>
<pclass="title"name="dromouse"><b>TheDormouse'sstory</b></p>
<pclass="story">Onceuponatimetherewerethreelittlesisters;andtheirnameswere
<ahref="http://example.com/elsie"class="sister"id="link1"><!--Elsie--></a>,
<ahref="http://example.com/lacie"class="sister"id="link2">Lacie</a>and
<ahref="http://example.com/tillie"class="sister"id="link3">Tillie</a>;
andtheylivedatthebottomofawell.</p>
<pclass="story">...</p>
"""
```

依据源代码使用 BeautifulSoup，代码如下，使用 BeautifulSoup 解析如图 4-13 所示。

```
from bs4 import BeautifulSoup
soup=BeautifulSoup(html,'lxml')        #使用 lxml 解析器
print(soup.title)                       #输出 soup 对象的内容
print(type(soup.title))                 #输出 soup 对象类型
print(soup.title.string)                #输出 soup 对象标题
print(soup.head)                        #输出<head><title>soup</title></head>
print(soup.p)                           #输出在<p>标签内的 soup 对象
```

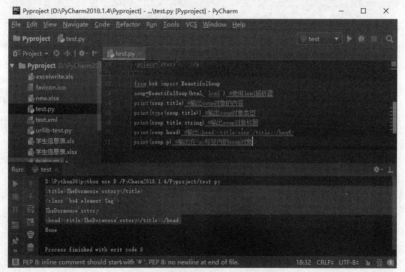

图 4-13　使用 BeautifulSoup 解析

从上面的效果能够看到，首先打印输出 title 节点的选择结果，输出结果正是 title 节点加里面的文字内容。接下来输出它的类型，这是 BeautifulSoup 中一个主要的数据结构。经由选择器选择后，选择结果都是这种 Tag 类型。Tag 具有一些属性，如 string 属性，调用该属性能够获得节点的文本内容，所以接下来的输出结果正是节点的文本内容。

接下来，又尝试选择 head 节点，结果也是节点加其内部的全部内容。最后，选择 p 节点。

不过这次情况比较特殊,发现结果是第一个 p 节点的内容,后面的几个 p 节点并没有选到。也就是说,当有多个节点时,这种选择方式只会选择到第一个匹配的节点,其后面的节点都会被忽略。

2)提取信息

上面演示调用 string 属性来获得文本的值,那么怎样获得节点属性的值呢?又怎样获得节点名呢?下面统一梳理一下信息的提取方式。

(1)获得名称。能够利用 name 属性获得节点的名称。这里仍是以上面的文本为例,选取 title 节点,而后调用 name 属性就能够得到节点名称,代码如下:

```
#输出节点名称
print(soup.title.name)
```

(2)获得属性。每个节点可能有多个属性,如 id 和 class 等,选择这个节点元素后,能够调用 attrs 获得全部属性,代码如下:

```
#输出获得的全部属性
print(soup.p.attrs)
#输出该标签内所获得的名称
print(soup.p.attrs['name'])
```

能够看到,attrs 的返回结果是字典形式,它把所选择节点的全部属性和属性值组合成一个字典。接下来,假如要获得 name 属性,就相当于从字典中获得某个键值,只需要用中括号加属性名就能够获得。例如,要获得 name 属性,就能够经由 attrs['name']来获得。但在实际中这样有点烦琐,还有一种更简短易懂的获得方式,能够不用写 attrs,直接在节点元素后面加中括号,传入属性名就能够获得属性值。代码如下:

```
print(soup.p['name'])
print(soup.p['class'])
```

需要注意的是,有的返回结果是字符串,有的返回结果是字符串组成的列表。例如 name 属性的值是唯一的,返回的结果便是单个字符串。而关于 class,一个节点元素可能有多个 class,所以返回的是列表。在实际处理过程中,要注意判别类型。

(3)获得内容。能够利用 string 属性获得节点元素包含的文本内容,例如要获得第一个 p 节点的文本,代码如下:

```
print(soup.p.string)
```

需要注意,这里选择到的 p 节点是第一个 p 节点,获得的文本也是第一个 p 节点里面的文本。

(4)嵌套选择。在上面的例子中,知道每一个返回结果都是 bs4.element.Tag 类型,它同样能够继续调用节点进行下一步的选择。例如获得 head 节点元素,能够继续调用 head 来选取其内部的 head 节点元素,代码如下:

```
html="""
<html><head><title>TheDormouse'sstory</title></head>
<body>
"""
from bs4 import BeautifulSoup
#创建对象
soup=BeautifulSoup(html,'lxml')
#返回的是<title>对象内容</title>
print(soup.head.title)
#返回对象类型
```

```
print(type(soup.head.title))
#返回标题内容
print(soup.head.title.string)
```

第一行结果是调用 head 之后再次调用 title 而选择的 title 节点元素。而后打印输出它的类型,能够看到,它仍然是 bs4.element.Tag 类型。也就是说,在 Tag 类型的基础上再次选择得到的依然还是 Tag 类型,每次返回的结果都相同,所以这样就能够做嵌套选择。最后输出它的 string 属性,也是节点里的文本内容。

3)关联选择

在做选择的时候,有时候不能做到一步就选到想要的节点元素,需要先选中某一个节点元素,而后以它为基准再选择它的子节点、父节点、兄弟节点等,下面介绍怎样选择这些节点元素。

(1)父节点和祖先节点。要获得某个节点元素的父节点,可以调用 parent 属性,代码如下:

```
html="""
<html><head>
<title>TheDormouse'sstory</title>
</head>
<body>
<p class="story">
Once up on a time there were three little sisters,and their names were
<a href="http://example.com/elsie" class="sister" id="link1">
<span>Elsie</span>
</a></p>
<pclass="story'>...</p>
"""
from bs4 import BeautifulSoup
soup=BeautifulSoup(html,'lxml')
print(soup.a.parent)
```

这里选择的是第一个 a 节点的父节点元素。很明显,它的父节点是 p 节点,输出结果是 p 节点及其内部的内容。

(2)兄弟节点。获得同级的节点,代码如下:

```
html="""
<html>
<body>
<p class="story">
Onceuponatimethereweretheelittlesisters;andtheirnameswere
<a href="http://example.com/elsie"class="sister"id="link1">
<span>Elsie</span>
</a>
Hello
<a href="http://example.com/lacie"class="sister"id="link2">Lacie</a>
and
<a href="http://example.com/tillie"class="sister"id="link3">Tillie</a>
andtheylivedatthebottomofawell.
</p>
"""
#导入库
```

```
from bs4 import BeautifulSoup
#添加lxml解析器
soup=BeautifulSoup(html,'lxml')
print('NextSibling',soup.a.next_sibling)
print('PrevSibling',soup.a.previous_sibling)
print('NextSiblings',list(enumerate(soup.a.next_siblings)))
print('PrevSiblings',list(enumerate(soup.a.previous_siblings)))
```

能够看到，这里调用四个属性，其中 next_sibling 和 previous_sibling 分别获得节点的下一个和上一个兄弟元素，next_siblings 和 previous_siblings 则分别返回全部前面和后面兄弟节点的生成器。

4）提取信息

前面讲解了关联元素节点的选择方法，假如想要获得它们的一些信息，如文本、属性等，也用同样的方法，代码如下：

```
html="""
<html>
<body>
<p class="story">
Onceuponatimetherewerethreelittlesisters;andtheirnameswere
<a href="http://example.com/elsie"class="sister"id="link1">Bob</a>
<a href="http://example.com/lacie"class="sister"id="link2">Lacie</a>
</p>
"""
from bs4 import BeautifulSoup
#创建对象
soup=BeautifulSoup(html,'lxml')
#返回对象类型
print('NextSibling:')
print(type(soup.a.next_sibling))
print(soup.a.next_sibling)
print(soup.a.next_sibling.string)
print('Parent:')
print(type(soup.a.parents))
print(list(soup.a.parents)[0])
print(list(soup.a.parents)[0].attrs['class'])
```

假如返回结果是单个节点，那么能够直接调用 string、attrs 等属性获得其文本和属性；假如返回结果是多个节点的生成器，则能够转为列表后取出某个元素，而后再调用 string、attrs 等属性取得其对应节点的文本和属性。

前面所讲的选择方法都是经由属性来选择的，这类方法十分快，可是假如进行比较复杂的选择，它就比较烦琐，不够灵活。好在 BeautifulSoup 还提供了一些查询方法，如 find_all() 和 find() 等，调用它们后传入相应的参数，就能够灵活查询。

find_all()：查询全部符合条件的元素。给它传入一些属性或文本，就能够得到符合条件的元素，它的功能十分强大，代码如下：

```
find_all(name,attrs,recursive,text,**kwargs)
```

name 能够根据节点名来查询元素，代码如下：

```
html='''
```

```
<div class="panel">
<div class="panel-heading">
<h4>Hello</h4>
</div>
<div class="panel-body">
<ul class="list"id="list-1">
<li class="element">Foo</li>
<li class="element">Bar</li>
<li class="element">Jay</li>
</ul>
<ul class="listlist-small"id="list-2">
<li class="element">Foo</li>
<li class="element">Bar</li>
</ul>
</div>
</div>
'''
from bs4 import BeautifulSoup
soup=BeautifulSoup(html,'lxml')
#输出 find_all 查询 name
print(soup.find_all(name='ul'))
print(type(soup.find_all(name='ul')[0]))
```

这里调用 find_all()方法，传入 name 参数，其参数值为 ul。也就是说，想要查询全部 ul 节点，返回结果是列表类型，每个元素仍然是 bs4.element.Tag 类型。

3．案例实战

1）BeautifulSoup 的使用：解析本地网页

运用 import 从 bs4 中导入 BeautifulSoup 库，利用 open 函数打开存放在本地的网页文件所在位置，随后使用 BeautifulSoup 解析网页，解析完毕后可把解析的网页数据打印出来，代码如下：

```
from bs4 import BeautifulSoup
with open('new_index.html',encoding='utf-8') as web_data:
 soup=BeautifulSoup(web_data.read(),'lxml')
 print(soup.h2)
```

2）BeautifulSoup 的使用：解析在线网页

解析在线网页时，首先要把在线网页的网页数据请求至本地，之后再进行解析。因而，除导入 BeautifulSoup 模块之外，还要导入网页请求模块 requests。举个简短易懂的例子，假设目前所要抓取的网页 URL 地址为：https://cn.tripadvisor.com/Attractions-g60763-Activities-New_York_City_New_York.html，tripadvisor 的网页如图 4-14 所示。

首先，导入 BeautifulSoup 库和 requests 库，设置 URL 的地址，利用 requests 库中的 GET 方法获得 URL 对应的网页数据，获得在线网页数据后，调用 BeautifulSoup 库，使用 lxml 解析该网页，代码如下：

```
#引入 BeautifulSoup
from bs4 import BeautifulSoup
import requests #引入 requests
```

```
url='https://cn.tripadvisor.com/Attractions-g60763-Activities-New_York_City_New_Y
ork.html'
#引入URL地址
web_data=requests.get(url)
#创建beautifulsoup对象
soup=BeautifulSoup(web_data.text,'html')
#输出对象内容
print(soup)
```

运行网络爬虫程序，整个网页的内容都被抓取下来，包括它的一个标签格式等。

图 4-14 tripadvisor 的网页

4.6 页面请求与 JSON

4.6.1 JSON 的介绍与应用

1. JSON 简介

JSON(JavaScript Object Notation, JS 对象简谱)是一种轻量级的数据交换格式。它基于 ECMAScript 的一个子集，采用完全独立于编程语言的文本格式来存储和表示数据。简洁和清晰的层次结构使得 JSON 成为理想的数据交换语言。JSON 易于人阅读和编写，同时也易于机器解析和生成，并有效地提升网络传输效率。

2. Python 中 JSON 的使用

在编辑接口传递数据时，往往需要使用 JSON 对数据进行封装。Python 和 JSON 数据类型的转换，可以看作编码与解码，Python 与 JSON 数据类型转换如表 4-2 所示。

表 4-2 Python 与 JSON 数据类型转换

Python	JSON
dict	object
list,tuple	array
str、unicode	string
int、float、long	number
true	true

续表

Python	JSON
false	false
none	null

普通字典编码前的代码如下，普通字典编码前如图 4-15 所示。

```
#-*-coding:utf-8-*-
import json
d=dict(name='Bob',age=20,score=88)
print('编码前：')
print(type(d))
print(d)
```

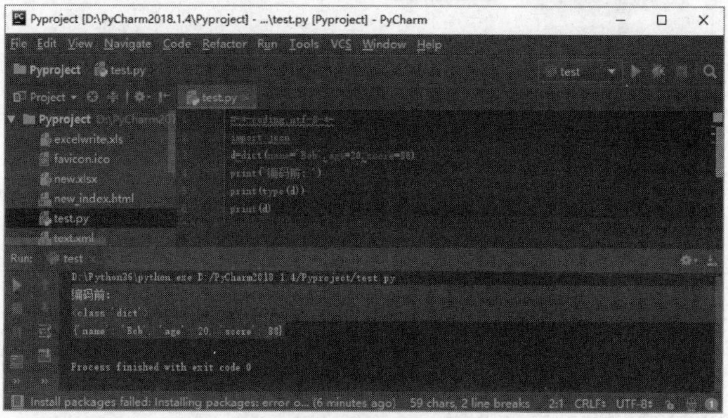

图 4-15　普通字典编码前

编码后 JSON 格式后的代码如下，普通字典编码后如图 4-16 所示。

```
import json
d=dict(name='Bob',age=20,score=88)
en_json=json.dumps(d)
print('编码后：')
print(type(en_json))
print(en_json)
```

图 4-16　普通字典编码后

JSON 解码后加载的代码如下，普通字典解码后如图 4-17 所示。

```
import json
d=dict(name='Bob',age=20,score=88)
```

```
en_json=json.dumps(d)
#json 解码为 python 类型, json.loads()
de_json=json.loads(en_json)
print('解码后: ')
print(type(de_json))
print(de_json)
```

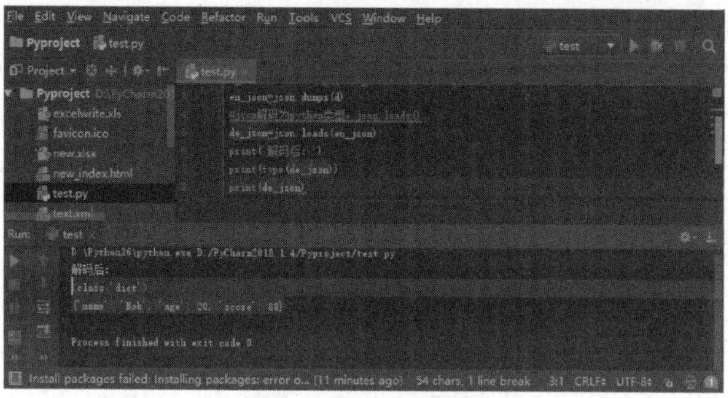

图 4-17　普通字典解码后

4.6.2　GET 请求和 POST 请求

在客户机和服务器之间进行请求—响应时，两种最常用的方式是 GET 和 POST。

GET 请求：请求的数据会附加在 URL 之后，同时以"?"分隔 URL 和传输的数据，多个参数之间用"&"连接。

POST 请求：把提交的数据放置在 http 包的包体中，并不会暴露出来。GET 请求提交的数据会在地址栏中表现出来，而 POST 请求在地址栏中不会表现数据。

在安全性上，POST 请求的安全性比 GET 请求高，经由 GET 请求提交的数据，用户名和密码都会以明文的方式出现在目前网页链接当中，假如登录界面被浏览器缓存，那么其他人查看浏览器历史记录便可拿到账号密码。

传输数据的大小：首先要知道，http 协议并没有对传输的数据大小进行限制，也没有对 URL 的长度进行限制，对传输数据大小的限制是在实际开发中自己定义出来的。

GET：特定的服务器对 URL 有限制，例如 IE 对 URL 长度的限制是 2048 个字节，相比于其他浏览器，如火狐 FireFox、Netscape 等，理论上没有对长度进行限制，实际的限制取决于操作系统服务器的支持，因而对 GET 请求提交数据时，传输的数据会受到 URL 长度的限制。

POST：虽然 POST 请求并不会在 URL 后面拼接要传输的数据，理论上传输数据的大小是不受限制的，可是实际上各个服务器都会规定关于 POST 请求提交数据的大小，从而进行限制。

4.7　模拟浏览器

4.7.1　Selenium 的介绍与安装

1. Selenium 简介

Selenium 是一个用于 Web 应用程序测试的工具，Selenium 测试直接运行在浏览器中，就像真正的用户在操作一样。支持的浏览器包括 IE、Firefox、Safari、Chrome、Opera、Edge 等。这些工具的主要功能包括：测试应用程序，看其是否能够很好地工作在不同浏览器和操作系统之上；创建回归测试检验软件功能和用户需求；支持自动录制动作和自动生成.Net、Java、Perl 等不同语言的测试脚本。

1）支持平台

WebDriver 支持 Android 和 BlackBerry 两个移动平台的浏览器测试。Android 目前为市场占有率第一的移动平台，关于在其上面进行自动化测试，推荐 Appium。Appium 扩展 WebDriver 的协议，支持 iOS 平台和 Android 平台上的原生应用、Web 应用和混合应用等。

2）支持浏览器

WebDriver 目前所支持的浏览器包括：Firefox、Chrome、IE、Edge、Opera、Safari。为什么会选择上面几款浏览器进行支持呢？这主要与浏览器的内核有关。

3）支持模式

HtmlUnit 和 PhantomJS 是两个比较特别的模式，能够把它们看作是伪浏览器，在这种模式下支持 html、JavaSaript 等的解析，但不会真正地渲染出页面。由于不进行 CSS 及 GUI 渲染，所以运行效率上要比真实的浏览器快很多，主要用在功能性测试上面。

2. Selenium 的安装

Selenium 是一个自动化测试工具，利用它能够驱动浏览器实行特定的动作，如点击、下拉等操作。对于一些 JavaScript 渲染的页面来讲，这类抓取方式十分有效。下面来介绍 Selenium 的安装过程。

1）pip 安装

这里能够直接使用 pip 安装，该方式方便快捷，代码如下：

```
pip3 install selenium
```

2）wheel 安装

也能够到 PyPI 下载对应的 wheel 文件，而后进入 wheel 文件目录，使用 pip 安装，代码如下：

```
pip3 install selenium-3.4.3-py2.py3-none-any.whl
```

3）验证安装

进入 Python 命令行交互模式，导入 Selenium 包，没有报错，则证明安装成功，代码如下：

```
import selenium
```

由于还需要用浏览器来配合 Selenium 工作，所以还要下载和自己浏览器相应版本的 webdriver，放在自己 Python 的安装目录，并配置环境变量。

4.7.2 模拟点击

在以下代码运行后，会自动打开谷歌浏览器，并打开百度打印百度首页的源代码，而后关闭浏览器，自动打开浏览器访问如图 4-18 所示。

```
from selenium import webdriver
chrome_driver=r"D:\Python36\Lib\site-packages\selenium\webdriver\chrome\chromedriver.exe"
browser=webdriver.Chrome(executable_path=chrome_driver)
browser.get("https://www.baidu.com/")
print(browser.page_source)
```

```
browser.close()
```

图 4-18　自动打开浏览器访问

4.7.3　Ajax 结果提取

这里以微博为例，接下来用 Python 来模拟这些 Ajax 请求，把微博上面的信息抓取下来。

1. 分析请求

打开 Ajax 的 XHR 过滤器，而后不停滑动页面以加载新的微博内容。能够看到，会不断有 Ajax 请求发出，选定其中一个请求，分析它的参数信息，单击该请求，数据包 Headers 参数信息息如图 4-19 所示。

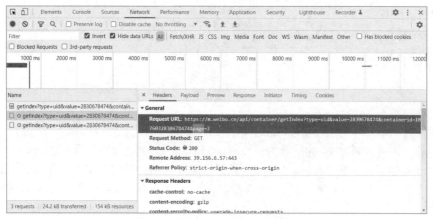

图 4-19　数据包 Headers 参数信息

能够发现，这是一个 GET 类型的请求，请求链接为 https://m.weibo.cn/api/container/getIndex?type=uid&value=2830678474&containerid=1076032830678474&page=2。

请求的参数有四个，分别为 type、value、containerid 和 page。

随后再看看其他请求，能够发现，它们的 type、value 和 containerid 始终如一。type 始终为 uid，value 的值便是页面链接中的数字，其实这便是用户的 id，另外，还有 containerid，能够发现，它便是 107603 加上用户 id。改变的值便是 page，很明显这个参数是用来控制分页的，page=1 代表第一页，page=2 代表第二页，以此类推。

2. 分析响应

随后，观察这个请求的响应内容，响应内容如图 4-20 所示。

图 4-20　响应内容

这个内容是 JSON 格式的，浏览器开发者工具自动做解析以方便查看。能够看到，最关键的两部分信息便是 cardlistInfo 和 cards，前者包括一个比较重要的信息 total，观察后能够发现，它实际上是微博的总数量，能够依据这个数字来估算分页数；后者则是一个列表，它包含 10 个元素，响应内容格式如图 4-21 所示。

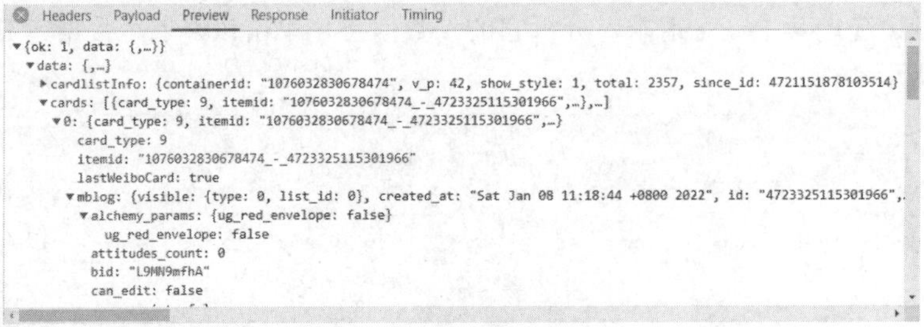

图 4-21　响应内容格式

能够发现，这个元素有一个比较重要的字段 mblog，展开它，能够发现它包含的正是微博的一些信息，如 attitudes_count（赞数目）、comments_count（评论数目）、reposts_count（转发数目）、created_at（发布时间）、text（微博正文）等，并且它们都是一些格式化的内容。

这样请求一个接口，就能够得到 10 条微博，并且请求时只需要改变 page 参数便可。这样，只需要做一个循环，就能够获得全部微博。

3. 实战演练

这里用程序模拟这些 Ajax 请求，把前 10 页微博全部抓取下来。

首先，定义一个方法来获得每次请求的结果。在请求时，page 是一个可变参数，所以把它作为方法的参数传递进来，相关代码如下：

```
from urllib.parse import urlencode
import requests
base_url = 'https://m.weibo.cn/api/container/getIndex?'
headers = {
    'Host': 'm.weibo.cn',
    'Referer': 'https://m.weibo.cn/u/2830678474',
```

```python
        'User-Agent': 'Mozilla/5.0 (Macintosh; Intel Mac OS X 10_12_3) AppleWebKit/537.36 (KHTML, like Gecko) Chrome/58.0.3029.110 Safari/537.36',
        'X-Requested-With': 'XMLHttpRequest',
}
def get_page(page):
    params = {
        'type': 'uid',
        'value': '2830678474',
        'containerid': '1076032830678474',
        'page': page
    }
    url = base_url + urlencode(params)
    try:
        response = requests.get(url, headers=headers)
        if response.status_code == 200:
            return response.json()
    except requests.ConnectionError as e:
        print('Error', e.args)
```

这里定义 base_url 来表示请求的 URL 的前半部分。接下来构造参数字典，其中 type、value 和 containerid 是固定参数，page 是可变参数。然后，调用 urlencode()方法把参数转化为 URL 的 GET 请求参数，随后，base_url 与参数拼合形成一个新的 URL。接着，用 requests 请求这个链接，加入 headers 参数。而后判别响应的状态码，假如是 200，则直接调用 json()方法把内容解析为 JSON 返回，否则不返回任何信息。假如出现异常，则捕获并输出其异常信息。

随后，需要定义一个解析方法，用来从结果中提取想要的信息，例如这次想保存微博的 id、正文、赞数、评论数和转发数这几个内容，那么能够先遍历 cards，而后获得 mblog 中的各个信息，赋值为一个新的字典返回，代码如下：

```python
from pyquery import PyQuery as pq
def parse_page(json):
    if json:
        items = json.get('data').get('cards')
        for item in items:
            item = item.get('mblog')
            weibo = {}
            weibo['id'] = item.get('id')
            weibo['text'] = pq(item.get('text')).text()
            weibo['attitudes'] = item.get('attitudes_count')
            weibo['comments'] = item.get('comments_count')
            weibo['reposts'] = item.get('reposts_count')
            yield weibo
```

这里借助 pyquery 把正文中的 HTML 标签去掉，最后遍历一下 page，一共 10 页，把提取到的结果打印输出便可，代码如下，抓取微博列表如图 4-22 所示。

```python
if __name__ == '__main__':
    for page in range(1, 11):
        json = get_page(page)
        results = parse_page(json)
        for result in results:
            print(result)
```

图 4-22 抓取微博列表

这样，就顺利经由分析 Ajax 并编辑网络爬虫抓取下来微博列表。通过这个实例，主要学会怎样去分析 Ajax 请求，怎样用程序来模拟抓取 Ajax 请求。

4.8 实战案例：小说网站的抓取

1. 确认 URL 地址

本案例要抓取名为《与校花同居的大盗》的小说，链接为 https://b.faloo.com/163306.html，飞卢小说网站如图 4-23 所示。

图 4-23 飞卢小说网站

使用浏览器查看网页源码，例如打开超链接"第一卷第一章凶神恶煞（上）"，链接地址为 https://b.faloo.com/163306_1.html。采用审查元素的方式查看网页源代码，即右击→审查元素。能够看到，不同章的 URL 地址改动的只有结尾的 html，小说内容如图 4-24 所示。

图 4-24　小说内容

但这与一般的网页不同,右击不会显示"审查元素"功能,不过在实验中能够直接按 F12 键来查看网页的源代码,审查网页元素如图 4-25 所示。

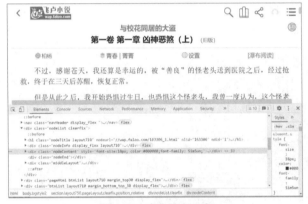

图 4-25　审查网页元素

使用 Python 的 requests 库请求网页源码:在实际网络爬虫开发过程中,可调用 requests 库的 GET 方法请求网页源码,获取小说内容网页源码如图 4-26 所示。

图 4-26　获取小说内容网页源码

从图 4-26 中能够明确地看到文本被存放在一个<div>中。能够根据这个来进行代码的编辑,网页的标签结构如图 4-27 所示。

图 4-27　网页的标签结构

抓取的部分代码如下:

```
#使用 html.parser 解析器解析
soup = BeautifulSoup(html, 'html.parser')
#匹配 td 中的标签内容
td = soup.find_all('td', class_="td_0")
#循环获得 td 中的 URL 地址
for each in td:
  url_ = 'http:' + each.a.attrs['href']
  url_list.append(url_)
#把值返回至 list
  return url_list
```

2. 抓取整部小说,导入所需的库

os 库是 Python 标准库,提供公用的以及基本的操作系统交互功能,os 模块在路径名上实现读取或写入文件 open()的功能。而路径操作的代码 os.path 子库用于处理文件路径及信息。导入 requests 库、os 及 bs4,代码如下:

```
import requests
from bs4 import BeautifuSoup
import os
```

3. 设置 URL 地址

指定带有章节链接的 URL 地址,代码如下:

```
main_url="https://b.faloo.com/p/163306.html"
```

4. 指定存放位置

使用 path 指定一个根目录来存放数据文件,并把保存的文件名命名为"与校花同居的大盗.txt",代码如下:

```
#指定一个存放 txt 文件的路径
path="与校花同居的大盗.txt"
```

5. 代码解释

调用 requests.get 方法获得网页原始数据,保存到 HTML 变量中;调用 BeautifulSoup 库,使用 html.parser 解析器解析 HTML,处理后的数据保存到 soup 变量中;在前期工作中,已经分析小说内容在 id 属性值为 content 的 div 中，因而调用 BeautifulSoup 的 find_all 方法，查找全部 id 属性值为 content 的 div 标签。代码如下：

```python
import requests
import os
from bs4 import BeautifulSoup
#指定带有章节链接的 URL
main_url = "https://b.faloo.com/f/163306.html"
#用于存放章节名
chapter_names = []
#用于存放章节链接
url_list = []
#指定一个根目录存放 txt 文件
path = "与校花同居的大盗.txt"
#定义函数
def getUrl(url):
    try:
        #请求上方定义的 URL 地址
        r = requests.get(url)
#检查请求是否成功
        r.raise_for_status
    except:
        print("无法获得主网页，请确认主网页")
    html = r.text
        #使用 html.parser 解析器解析
    soup = BeautifulSoup(html, 'html.parser')
    td = soup.find_all('td', class_="td_0")
```

由于是抓取整部的小说内容，在上述的准备步骤完成后，还需添加循环来反复地抓取该小说内容，把<td>中的内容提取至 each 中，再设置每个章节的 URL 地址，从 each 中获得相对应的属性后，使用 append()方法向 http 的尾部添加一个参数，代码如下：

```python
#把 td 中的值赋予 each
for each in td:
#从<each>中获得与<href>相对应的属性
url_='http:'+each.a.attrs['href']
#在 http 后添加相对应的地址
url_list.append(url_)
#最后把值返回至 url_list
return url_list
```

创建一个参数名为 getContent，用于获得 list 内的数据，创建一个返回 path 的绝对路径，使用 open()放在 for 循环之外提高效率，避免重复地打开文件，然后定义一个循环来循环测试上方的 URL 地址，测试是否能够正常访问。在循环中，创建异常处理。使用 requests 解析网页，能够正常访问，而要检查请求是否成功，需要在后面添加 r.raise_for_status()来查看与期望是否相同，代码如下：

```python
def getContent(list, path):
#返回 path 的绝对路径
    if not os.path.exists(path):
        with open(path, 'a',
```

```
                    encoding='utf-8') as f:
#把 open()放在 for 循环之外是为提高效率,避免重复地打开文件,并把编码方法改为 utf-8,使其能识别特
殊字符
            #系统默认的 gbk 编码方式识别的特殊字符
            #循环上方的 URL 地址,测试是否能够正常访问
                for url in list:
                    try:
#解析网页,检查网页能否正常访问,不能则报错
                        r1 = requests.get(url)
#检查请求是否成功
                        r1.raise_for_status
                    except:
                        print("此章节链接无法打开,请确认网页")
#获得网页 html
                    html1 = r1.text
#用 html.parser 解析器解析 html
                    soup1 = BeautifulSoup(html1, 'html.parser')
#抓取 div 标签中的内容
                    div = soup1.find_all("div", id="content")[0]
                    f.write(div.text)
            f.close
        else:
#假如存在相同文件则输出文件已存在
            print('"与校花同居的大盗.txt",请确认')
        print('抓取完成')
#调用定义的 getUrl 函数来返回至 getContent 运行
getContent(getUrl(main_url),path)
```

试运行完后查看当前所保存的文本,以及文本内容的数据内容,获取数据成功如图 4-28 所示,小说内容存储如图 4-29 所示。

图 4-28 获取数据成功

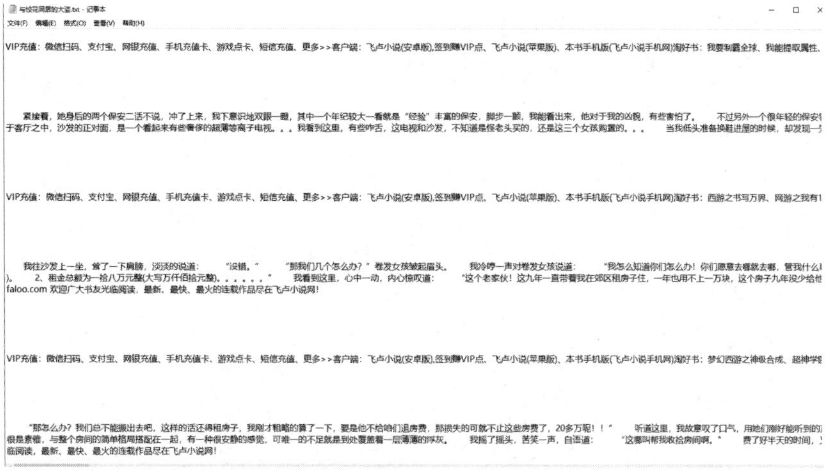

图 4-29 小说内容存储

如图 4-28 所示，在抓取完后能够看到，抓取的内容连同网页中的源代码也一同抓取下来，在总体上过于杂乱，这时可以添加一行代码，使用 content 对抓取的文本数据内容进行格式的设置，使用 replace 函数对内容进行替换。replace()方法把字符串中的旧字符串替换成新字符串，假如指定第三个参数 max，则替换不超过 max 次，replace()方法的语法如下：

```
str.replace(old, new[, max])
```

6. 整合代码

综上所述，整合的代码如下：

```python
import requests
import os
from bs4 import BeautifulSoup
#导入库
#指定带有章节链接的 URL
main_url = "https://b.faloo.com/p/163306/1.html"
#用于存放章节名
chapter_names = []
#用于存放章节链接
url_list = []
#指定一个根目录存放 txt 文件
path = "与校花同居的大盗.txt"
#定义函数
def getUrl(url):
    try:
        #请求上方定义的 URL 地址
        r = requests.get(url)
        #检查请求是否成功
        r.raise_for_status()
    except:
        print("无法获得主网页，请确认主网页")
    html = r.text
    #使用 html.parser 解析器解析
    soup = BeautifulSoup(html, 'html.parser')
    td = soup.find_all('td', class_="td_0")
    #把 td 中的值赋予 each
    for each in td:
```

```
            #从<each>中获得与<href>相对应的属性
            url_ = 'http:' + each.a.attrs['href']
            #在 http 后添加相对应的地址
            url_list.append(url_)
     #最后把值返回至 url_list
     return url_list
def getContent(list, path):
     #返回 path 的绝对路径
     if not os.path.exists(path):
         with open(path, 'a',
                  encoding='utf-8') as f:
#把 open()放在 for 循环之外是为了提高效率,避免重复地打开文件
#把编码方法改为 utf-8,使其能识别特殊字符。假如不加这个 encoding,会报编码错误
#系统默认的 gbk 编码方式识别不了文中的特殊字符
#循环上方的 URL 地址,测试是否能够正常访问
             for url in list:
                 try:
                     #解析网页,检查网页能否正常访问,不能则报错
                     r1 = requests.get(url)
                     #检查请求是否成功
                     r1.raise_for_status()
                 except:
                     print("此章节链接无法打开,请确认网页")
                 #获得网页 html
                 html1 = r1.text
                 #用 html.parser 解析器解析 html
                 soup1 = BeautifulSoup(html1, 'html.parser')
                 #抓取 div 标签中的内容
                 div = soup1.find_all("div", id="content")[0]
                 #对抓取的数据内容进行格式转换
                 content = div.text.replace('    ', '\n\n' + '    ')
                 f.write(content)
         f.close()
     else:
         #假如存在相同文件则输出文件已存在
         print('"与校花同居的大盗.txt",请确认')
     print('抓取完成')
#调用函数
getContent(getUrl(main_url),path)
```

7. 查看结果

查看保存的 txt 文件是否存在,以及文件内是否存在数据,查看文本所在路径如图 4-30 所示。

图 4-30　查看文本所在路径

到此,就完成了对整部小说的抓取,抓取小说的网络爬虫已经完成开发。需要注意的是,在运行过程中没有程序运行进度的提示,对于采集量小的网络爬虫而言,没有进度提示关系不

大。但当采集量大时，由于没有进度提醒，会影响到用户使用时的判别。因而，在开发过程中可以考虑加入运行进度的提醒。

4.9 模拟登录与验证

4.9.1 复杂的页面请求

1. 什么是复杂的页面请求

在网络爬虫开发的过程中，有些数据的采集相对较复杂，特别是需要账号与密码的网站，往往需要验证后才能展示信息，典型的如知乎网，关于这种类型的网络爬虫开发，要解决一些问题：

（1）如何模拟人的操作，登录到网页中，即网络爬虫的模拟登录。
（2）登录过程中遇到验证码，即网络爬虫的验证码识别。

2. 复杂的页面请求的解决方法

关于上述问题，在 Python 中提供了一些库与方法：
（1）网络爬虫的模拟登录 Cookie 方法、Selenium 方法。
（2）网络爬虫的验证码识别与图像识别技术、自动打码 OCR 技术。

4.9.2 代理 IP

代理服务器（Proxy-Server）的功能是代理网络用户去获得网络信息。形象地说，它是网络信息的中转站，是个人网络和 Internet 服务商之间的中间代理机构，负责转发合法的网络信息，对转发进行控制和登记。

代理服务器作为连接 Internet 与 Intranet 的桥梁，在现实应用中发挥着极其重要的作用，它可用于多个目标，最基本的功能是连接，另外还包括安全性、缓存、内容过滤访问控制管理等功能。

当使用 Python 网络爬虫抓取一个网站时，而且需要频繁访问该网站，该网站会检测某一段时间内某个 IP 的访问次数，假如访问次数过多，它会禁止其访问。这时可以设置一些代理服务器来帮助它工作，每隔一段时间换一个代理，这样就不会出现由于频繁访问而导致禁止访问的现象。

1. 获得代理 IP 列表

这里以快代理的代理 IP 为例，免费和方便抓取以获得 IP 是它的优点，完整的代码如下：

```python
#仅抓取快代理首页 IP 地址
from bs4 import BeautifulSoup
from urllib.request import urlopen
from urllib.request import Request
def get_ip_list(obj):
#获得带有 IP 地址的表格的全部行
    ip_text = obj.findAll('tr', {'class': 'odd'})
    ip_list = []
```

```python
        for i in range(len(ip_text)):
            ip_tag = ip_text[i].findAll('td')
            #提取出 IP 地址和端口号
            ip_port = ip_tag[1].get_text() + ':' + ip_tag[2].get_text()
            ip_list.append(ip_port)
        print("共收集到{}个代理 IP".format(len(ip_list)))
        print(ip_list)
        return ip_list
    if __name__ == '__main__':
        url = 'http://www.xicidaili.com/'
        headers = {
            'User-Agent': 'User-Agent:Mozilla/5.0 (Windows NT 10.0; Win64; x64) AppleWebKit/537.36 (KHTML, like Gecko) Chrome/62.0.3202.62 Safari/537.36'}
        request = Request(url, headers=headers)
        response = urlopen(request)
        #解析获得的 html
        bsObj = BeautifulSoup(response, 'lxml')
        get_ip_list(bsObj)
```

2. 随机获得一个代理 IP

根据方案一的代码修改而来，运行下面代码能够随机获得一个快代理中的代理 IP，以键值对形式返回。

Cookie 的使用与证书代码如下：

```python
    from bs4 import BeautifulSoup
    from urllib.request import urlopen
    from urllib.request import Request
    import random
    def get_ip_list(obj):
        ip_text = obj.findAll('tr', {'class': 'odd'})
        ip_list = []
        for i in range(len(ip_text)):
            ip_tag = ip_text[i].findAll('td')
            ip_port = ip_tag[1].get_text() + ':' + ip_tag[2].get_text()
            ip_list.append(ip_port)
        #print("共收集到{}个代理 IP".format(len(ip_list)))
        #print(ip_list)
        return ip_list
    def get_random_ip(bsObj):
        ip_list = get_ip_list(bsObj)
        random_ip = 'http://' + random.choice(ip_list)
        proxy_ip = {'http:': random_ip}
        return proxy_ip
    if __name__ == '__main__':
        url = 'http://www.xicidaili.com/'
        headers = {
            'User-Agent': 'User-Agent:Mozilla/5.0 (Windows NT 10.0; Win64; x64) AppleWebKit/537.36 (KHTML, like Gecko) Chrome/62.0.3202.62 Safari/537.36'}
        request = Request(url, headers=headers)
        response = urlopen(request)
```

```
    bsObj = BeautifulSoup(response, 'lxml')
    random_ip = get_random_ip(bsObj)
    #打印出获得的随机代理 IP
    print(random_ip)
```

4.9.3　Cookie 的使用与证书

当 Web 服务器向浏览器发送 Web 页面时，在连接关闭后，服务器不会记录用户的信息，那么在下次浏览器访问 Web 服务器时，Web 服务器会把浏览器视为"陌生人"。为了让 Web 服务器能够记得访问过的浏览器，研究人员提出了 Cookie 技术。

Cookie 便是由服务器发给客户端的特殊信息，而这些信息以文本文件的方式存放在客户端，而后客户端每次向服务器发送请求的时候，都会带上这些特殊的信息。

Cookie 的作用是解决"怎样记录客户端的用户信息"问题，当用户访问 Web 页面时的名字能够记录在 Cookie 中，在用户下一次访问该页面时，就可以在 Cookie 中读取用户访问记录。

Cookie 以名和值对形式存储，例如 username=JohnDoe，当浏览器从服务器上请求 Web 页面时，属于该页面的 Cookie 会被添加到该请求中，服务端经由这类方式来获得用户的信息。

Python 对 Cookie 的操作，代码如下：

```
#从网页获得 Cookie
import http.cookiejar,urllib.request
#创建 Cookie 处理器对象
cookie=http.cookiejar.LWPCookieJar()
#对 Cookie 进行处理
handler=urllib.request.HTTPCookieProcessor(cookie)
#创建底层 openner 对象
openner=urllib.request.build_opener(handler)
#该处为可选项，能够加入更多的请求数据
request=urllib.request.Request('http://www.baidu.com')
#底层的 open 方法打开
response=openner.open(request)
for item in cookie:
    print(item.name+'='+item.value)
#把 Cookie 以文本格式保存
import urllib.request
import http.cookiejar
filename='cookies.txt'
cookie=http.cookiejar.LWPCookieJar(filename)
handler=urllib.request.HTTPCookieProcessor()
openner=urllib.request.build_opener(handler)
response=openner.open('http://www.baidu.com')
cookie.save(ignore_discard=True,ignore_expires=True)
#读取 Cookie 文件
cookie=http.cookiejar.LWPCookieJar()
cookie.load('cookies.txt',ignore_expires=True,ignore_discard=True)
handler=urllib.request.HTTPCookieProcessor(cookie)
openner=urllib.request.build_opener(handler)
response=openner.open('http://www.baidu.com')
print(response.read().decode('utf-8'))
```

4.9.4　使用 Selenium 进行模拟登录

模拟手动登录百度页面的过程，打开 Chrome 浏览器，输入百度网址，进入百度网页，单击"登录"按钮，输入账号和密码，进入登录页面。代码如下：

```
from selenium import webdriver
import time
#1.打开浏览器
driver=webdriver.Chrome()
#2.设置地址
url="https://www.baidu.com/"
#3.访问网址
driver.get(url)
```

访问到百度页面后，需要模拟单击"登录"按钮。找到登录元素的标签如图 4-31 所示。

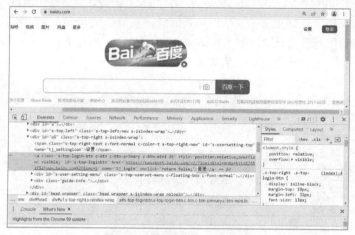

图 4-31　找到登录元素的标签

根据 id='u1'和 class='lb'找到"登录"按钮，代码如下，单击"登录"按钮以后，扫码登录界面如图 4-32 所示。

```
#4.分析网页，找到登录元素
#方法一
login=driver.find_elements_by_id('u1').find_elements_by_class_name('lb')[0]
#方法二
#login=driver.find_elements_by_css_selector('div[id=u1]a[class=lb]')[0]
#5.单击"登录"按钮
login.click()
```

图 4-32　扫码登录界面

接下来需要模拟单击"账号登录"按钮，定位到当前页面的标签如图 4-33 所示。

图 4-33　定位到当前页面的标签

根据 p 标签下的 class="tang-pass-footerBarULogin pass-link"找到账号登录，注意这个 class 里有两个同级类名，中间有个空格，在 CSS 选择器里写的时候只需要写一个类名即可，否则中间有空格，假如写成'p.tang-pass-footerBarULogin pass-link'，就表示 p 标签下的类名为 tang-pass-footerBarULogin 的下一个类名为 pass-link 的类。代码如下：

```
#单击之后要加等待时间
time.sleep(2)
#6.找到登录界面的账号登录
#选择p标签下的class，<pclass="tang-pass-footerBarULogin pass-link">
usernamelogin=driver.find_elements_by_css_selector('p.tang-pass-footerBarULogin')[0]
#7.单击它，进入账号密码输入界面
usernamelogin.click()
```

单击"账号登录"后，进入输入账号和密码界面，账号输入框的元素如图 4-34 所示。

`<input id="TANGRAM__PSP_10__userName" type="text" name="userName" class="pass-text-input pass-text-input-userName" autocomplete="off" value placeholder="手机/邮箱/用户名">==$0`

图 4-34　账号输入框的元素

密码输入框的元素如图 4-35 所示。

`<input id="TANGRAM__PSP_10__password" type="password" name="password" class="pass-text-input pass-text-input-password" autocomplete="off" value placeholder="密码">==$0`

图 4-35　密码输入框的元素

登录输入框的元素如图 4-36 所示。

`<input id="TANGRAM__PSP_10__submit" type="submit" name="登录" class="pass-text-input pass-text-input-submit">==$0`

图 4-36　登录输入框的元素

4.10 验证码

4.10.1 手动打码

1. 手动打码的验证码

全自动区别计算机和人类的图灵测试是一种区别用户是计算机还是人的大众全自动程序。它能够避免恶意破解密码、刷票、论坛灌水，有效避免某个黑客对某一个特定注册用户以特定程序暴力破解方式进行不断的登录尝试，实际上用验证码是目前很多网站通行的方式，利用比较简易的方式实现这个功能。这个问题能够由计算机生成并评判，可是必须只有人类才能解答。因为计算机没办法解答验证码的问题，所以回答出问题的用户就能够被认为是人类。简单的字母数字混合验证码如图 4-37 所示。

图 4-37 简单的字母数字混合验证码

2. 分类

1）普通验证码

四位数字和字母验证码，可能都是字母，也可能都是数字，是随机的 4 位字符串，百度登录验证码如图 4-38 所示。

2）行为式验证码——拖动式

拖动式验证码如图 4-39 所示。

图 4-38 百度登录验证码

图 4-39 拖动式验证码

3）行为式验证码——点触式

点触式验证码如图 4-40 所示。

图 4-40　点触式验证码

4.10.2　自动打码

1. 简介

这里使用 pytesseract 来进行验证码识别，它是基于 Google 的 Tesseract-OCR，所以在使用之前需要事先安装 Tesseract-OCR。使用 PIL 来进行图像处理。pytesseract 默认支持 TIFF、BMP 图片格式，使用 PIL 库之后，能够支持 JPEG、GIF、PNG 等其他图片格式。

注意：PIL（Python Imaging Library）库只支持 32 位的系统，假如要在 64 位系统中使用，请安装 pillow，代码如下：

```
#32位系统
pip install PIL
#64位系统
pip install pillow
```

2. 使用 pytesseract 识别验证码

首先把图像灰度化，代码如下：

```
#导包
from PIL import Image
#使用路径导入图片
im=Image.open(imgimgName)
#使用byte流导入图片
#im=Image.open(io.BytesIO(b))
#转化到灰度图
imgry=im.convert('L')
#保存图像
imgry.save('gray-'+imgName)
```

而后把图像二值化，代码如下：

```
#二值化，采用阈值分割法，threshold为分割点
threshold = 140
table = []
for j in range(256):
    if j < threshold:
```

```
            table.append(0)
        else:
            table.append(1)
out = imgry.point(table, '1')
out.save('b' + imgName)
```

二值化的图像形式为 `0740`，最后进行识别，代码如下：

```
#识别
text=pytesseract.image_to_string(out)
print("识别结果："+text)
```

4.11 实战案例：模拟登录及验证

4.11.1 基本思路与方法

在网络爬虫采集数据的过程中，有些网站需要登录之后才可采集，如微博、知乎等网站。这时就需要设计网络爬虫模拟人为登录网站的过程，也就是模拟登录。

Cookie 是浏览器访问某些网站服务器后，服务器为辨别用户身份、进行 Session 跟踪而存储在用户本地终端上的数据。最典型的 Cookie 应用是判定注册用户是不是已经登录网站。若用户在某个网站上登录后，网站返回浏览器 Cookie，那么用户在下一时刻再次访问网站时，就可以直接使用 Cookie 进行身份认证，无须再输入用户名和密码。

Cookie 在本地可获得，因而在网络爬虫模拟登录的场景中，有这样一种思路：首先手动登录目标网站，获得 Cookie；然后开发网络爬虫，把获得的 Cookie 经由程序发送给网站服务器，便可不用输入用户名和密码而实现网站的登录。

4.11.2 使用 Cookie

1. 任务说明

为获得已登录后的某院校网站信息，需要进行模拟登录，使用其中一种模拟登录方法来获得某院校网站信息，例如使用已知的 Cookie 进行获得。

2. 解决方案

首先需要目标网站的登录账号及密码，使用 Cookie 模拟登录的第一步便是手动获得 Cookie。例如在登录到某职业技术学院后，使用开发者工具选择 Network 中查看 Cookie 值，为避免网络爬虫程序访问网页服务器时被检测出是网络爬虫而被禁止访问，在编辑网络爬虫的开头部分添加伪造请求头来避免检测后，加载在浏览器登录后所获得的 Cookie 并转换成字典以便接下来使用，在发送 GET 请求时携带请求头和 Cookie 值，则可实现模拟登录，且无须输入用户名与密码。

3. 手动获得 Cookie

为获得 Cookie，首先需要手动在浏览器中进行登录操作，即填写登录信息（用户名、密码等）。登录完成后检查网站登录过程中交互的数据，从中找到 Cookie。

1)查看网页

假设本案例模拟登录某学校的网络教学平台网站,URL 地址为 http://www.fvti.cn/,学校官网网页如图 4-41 所示。

图 4-41　学校官网网页

2)找出登录数据提交的页面

打开谷歌浏览器的开发者工具,转到 Network 选项卡,并勾选 PreserveLog(保存日志,否则只显示每次响应的链接)。能够看到有一条 POST 数据发送出去,POST 的数据内容也能够看得到。在浏览器里访问网站,并在网页中手动输入用户名和密码。而后查看左边的 Name 一栏中网页交互的数据项,查看产生的数据包如图 4-42 所示。

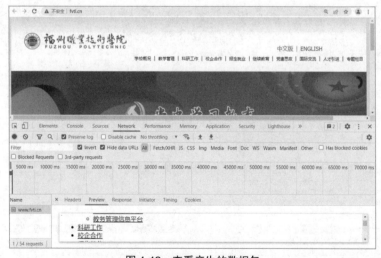

图 4-42　查看产生的数据包

经由查看该数据项请求过程中携带的首部信息,确定提交"用户名"和"密码"的页面。具体做法是打开谷歌浏览器的开发者工具,转到 Network 选项卡并勾选 PreserveLog 保存日志后,选择 Name 栏中的各个数据项,查看各数据的 Headers 选项卡。当查看到提交"用户名"和"密码"的页面时,在 General 中能够查看到 RequestMethod 是 GET,其次最下方的 FormData 中包含刚才输入的"用户名"和"密码"。

除逐一查看的方法外,也能够经由交互数据项的名称来确定,假如 Name 一栏中,某数据项的名称包含 login 字样,那么该数据项很有可能便是提交"用户名"和"密码"的页面,查看登录数据包详情如图 4-43 所示。

图 4-43　查看登录数据包详情

3)获得 Cookie

在该页面的请求与返回数据中找到所需要的 Cookie 值(从登录后界面中获得的 Cookie 为 JSESSIONID=695AF2343FF552D2F2A3F02F4CE19ED0.TM1),获取 Cookie 如图 4-44 所示。

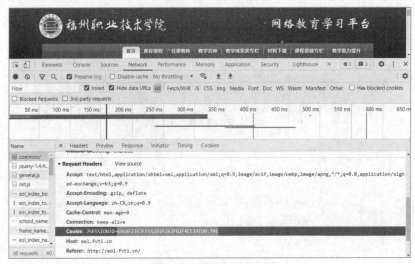

图 4-44　获取 Cookie

4. 编辑网络爬虫代码

1)导入所需的库

导入所要使用的库,在实验过程中所用的库及模块有 requests、sys、io,代码如下:

```
#导入库
import requests
import sys
import io
```

2）设置请求头，伪装网络爬虫

为避免网络爬虫程序访问网页服务器时被检测出是网络爬虫而被禁止访问，需要设置网络爬虫程序请求头部，将其"伪装"成浏览器，具体设置如下：

```
#构造请求头
headers={
'User-Agent':'Mozilla/5.0(WindowsNT6.1;WOW64)AppleWebKit/537.36(KHTML,likeGecko)Chrome/71.0.3573.0Safari/537.36
```

不论使用urllib还是使用requests库，经常会遇到中文编码错误的问题，由于系统的问题，许多的默认编码为GBK。所以在代码运行中会有提示GBK编码错误的问题，解决该问题的办法便是使用sys中的语法。

能够经由查询网站编码的方式来确认，步骤如下：在登录后的网站→按住F12键打开开发者工具→在窗口Console标签下→输入document.charset，代码如下，用控制台查看编码格式如图4-45所示。

```
#改变标准输出的默认编码
sys.stdout=io.TextIOWrapper(sys.stdout.buffer,encoding='utf8')
```

图4-45 用控制台查看编码格式

3）获得Cookie值

加载浏览器登录后所得到的Cookie，获得Cookie值，代码如下：

```
#浏览器登录后得到的Cookie，也就是刚才复制的字符串
cookie_str=r'JSESSIONID=695AF2343FF552D2F2A3F02F4CE19ED0.TM1'
```

4）转换Cookie值

把复制后的Cookie字符串转换成字典，以便在下个步骤发送GET请求时携带，代码如下：

```
#把Cookie字符串处理成字典，以便接下来使用
cookies={}
for line in cookie_str.split(';'):
    key,value=line.split('=',1)
    cookies[key]=value
```

5）设置 GET 请求

在发送 GET 请求时携带请求头和 Cookies，代码如下：

```
#在发送 GET 请求时带上请求头和 Cookies
resp=requests.get(url,headers=headers,cookies=cookies)
```

6）整合代码并开始执行

完整的脚本代码如下：

```
import requests
import sys
import io
#改变标准输出的默认编码
sys.stdout = io.TextIOWrapper(sys.stdout.buffer,encoding='utf-8')
#登录后才能访问的网页
url = 'http://eol.fvti.cn/meol/homepage/common/'
#浏览器登录后得到的 Cookie，也就是刚才复制的字符串
cookie_str = r'JSESSIONID= 695AF2343FF552D2F2A3F02F4CE19ED0.TM1'
#把 Cookie 字符串处理成字典，以便接下来使用
cookies = {}
for line in cookie_str.split(';'):
    key, value = line.split('=', 1)
    cookies[key] = value
headers = {
        'User-agent': 'Mozilla/5.0 (Windows NT 6.1; WOW64) AppleWebKit/537.36 (KHTML, like Gecko) Chrome/60.0.3112.113 Safari/537.36'}
#在发送 GET 请求时带上请求头和 Cookies
resp = requests.get(url, headers=headers, cookies=cookies)
print(resp.content.decode('GBK'))
```

获得的网页源代码如图 4-46 所示。

图 4-46　获得的网页源代码

登录前的界面如图 4-47 所示。

图 4-47 登录前的界面

5. 滑动式验证码实战

1）引用相应的模块和库，实现滑动功能的定义功能模块

Selenium 主要是用来做自动化测试，支持多种浏览器，网络爬虫中主要用来解决 JavaScript 渲染问题。WebDriver 可以认为是浏览器的驱动器，要驱动浏览器必须用到 WebDriver，它支持多种浏览器，这里以 Chrome 为例，代码如下：

```
import time
from selenium.webdriver.common.action_chains import ActionChains
from selenium import webdriver
import selenium.webdriver.support.uiasui
from selenium.webdriver.chrome.options import Options
import urllib
```

2）验证问题

使用该函数能够用来解决拖动二维码的验证问题，代码如下：

```
def drag_btn(distance,chromeDriver):
```

3）模拟鼠标的动作

调用 ChromeDrive，ActionChains 类常用于模拟鼠标的动作，如单击、双击、拖曳等行为，利用下面的方法实现 ActionChains 类。timesleep()函数推迟调用线程的运行，可经由参数 secs 表示进程挂起的时间，代码如下：

```
#拖动按钮的div
dragBtn=chromeDriver.find_element_by_id("tcaptcha_drag_button")
ActionChains(chromeDriver).move_to_element(dragBtn).perform()
ActionChains(chromeDriver).click_and_hold(dragBtn).perform()
whiledistance>5:
ActionChains(chromeDriver).move_by_offset(5,0).perform()
time.sleep(10/1000)
distance-=5
ActionChains(chromeDriver).release().perform()
```

4）Chrome 自动化

设置 Chrome 无界面，出现浏览器正在被控制的标识如图 4-48 所示。

```
#设置Chrome无界面
chrome_options=Options()
chrome_options.add_argument("--headless")
```

图 4-48　出现浏览器正在被控制的标识

5）设置图块等待时间

设置图块等待时间，直到图块移动至该区域解锁，代码如下：

```
#driver=webdriver.Chrome(chrome_options=chrome_options)
driver=webdriver.Chrome()
wait=ui.WebDriverWait(driver,20)
driver.get("http://www.sf-express.com/cn/sc/dynamic_function/waybill/#search/bill-number/290449890726")
wait.until(lambdadriver:driver.find_element_by_id("tcaptcha_popup"))
#iFrame 的 div，顺丰的官网是把二维码放置在 iFrame 里面的，解决不在一个界面里的跨域问题
iFrame=driver.find_element_by_id("tcaptcha_popup")
driver.switch_to.frame("tcaptcha_popup")
#开始移动
#这个距离是随便设定的，看实际的调试结果
#distance=230
#whiledistance>5:
#ActionChains(driver).move_by_offset(5,0).perform()
#time.sleep(10/1000)
#distance-=5
#ActionChains(driver).release().perform()
drag_distance=230
drag_btn(drag_distance,driver)
```

6）自动滑动解锁

弹出图块滑动界面并自动滑动解锁，会弹出提示"拖动下方滑块完成拼图"，设置卡顿是否会自动滑动解锁，代码如下，滑块验证码如图 4-49 所示。

```python
#经由下面这个循环基本能够把二维码给解决掉
while True:
    time.sleep(1)
    wait.until(lambda driver: driver.find_element_by_id("tcaptcha_note"))
    return_msg = str(driver.find_element_by_id("tcaptcha_note").text)
    print(return_msg)
    if (return_msg == ""):
        print("success")
        break
    else:
        print("failed")
        if (return_msg == "请控制拼图块对齐缺口"):
            if (drag_distance == 230):
                drag_distance = 245
            elif(drag_distance == 245):
                drag_distance = 215
            elif(drag_distance == 215):
                drag_distance = 230
            else:
                drag_distance = 230
            print("再来一次=>"+str(drag_distance))
            drag_btn(drag_distance, driver)
        if (return_msg == "徐徐徐"):
            drag_distance = 230
            drag_btn(drag_distance, driver)
```

图 4-49　滑块验证码

7）等待——Wait()

在实际使用 Selenium 或者 Appium 时，要等待下个等待定位的元素出现，特别是 Web 端加载的过程，都需要用到等待，Wait()显示等待打印物流信息，代码如下：

```
wait.until(lambdadriver:driver.find_element_by_class_name("route-list"))
router_list_text=driver.find_element_by_class_name("route-list").text
print("打印物流信息=>\n")
print(router_list_text)
```

8）解锁成功后关闭

```
driver.quit()
```

9）代码整合

```
import time
from selenium.webdriver.common.action_chains import ActionChains
from selenium import webdriver
import selenium.webdriver.support.ui as ui
from selenium.webdriver.chrome.options import Options
#该函数用来解决拖动二维码的验证问题
def drag_btn(distance, chromeDriver):
    #拖动按钮的div
    dragBtn = chromeDriver.find_element_by_id("tcaptcha_drag_button")
    ActionChains(chromeDriver).move_to_element(dragBtn).perform()
    ActionChains(chromeDriver).click_and_hold(dragBtn).perform()
    while distance > 5:
        ActionChains(chromeDriver).move_by_offset(5, 0).perform()
        time.sleep(10 / 1000)
        distance -= 5
    ActionChains(chromeDriver).release().perform()
#设置Chrome无界面
chrome_options = Options()
chrome_options.add_argument("--headless")
#driver = webdriver.Chrome(chrome_options = chrome_options)
driver = webdriver.Chrome()
wait = ui.WebDriverWait(driver, 20)
driver.get("http://www.sf-express.com/cn/sc/dynamic_function/waybill/#search/bill-number/290449890726")
wait.until(lambda driver: driver.find_element_by_id("tcaptcha_popup"))
#iFrame的div，顺丰的官网是把二维码放置在iFrame里面的，解决不在一个界面里的跨域问题
iFrame = driver.find_element_by_id("tcaptcha_popup")
driver.switch_to.frame("tcaptcha_popup")
#开始移动
drag_distance = 230
drag_btn(drag_distance, driver)
#经由下面这个循环基本能够把二维码给解决掉
while True:
    time.sleep(1)
    wait.until(lambda driver: driver.find_element_by_id("tcaptcha_note"))
    return_msg = str(driver.find_element_by_id("tcaptcha_note").text)
    print(return_msg)
    if (return_msg == ""):
        print("success")
        break
    else:
        print("failed")
        if (return_msg == "请控制拼图块对齐缺口"):
            if (drag_distance == 230):
                drag_distance = 245
            elif (drag_distance == 245):
                drag_distance = 215
            elif (drag_distance == 215):
```

```
            drag_distance = 230
        else:
            drag_distance = 230
        print("再来一次=>" + str(drag_distance))
        drag_btn(drag_distance, driver)
    if (return_msg == "这是个意外,请稍等"):
        drag_distance = 230
        drag_btn(drag_distance, driver)
wait.until(lambda driver: driver.find_element_by_class_name("route-list"))
router_list_text = driver.find_element_by_class_name("route-list").text
print("打印物流信息=>\n")
print(router_list_text)
driver.quit()
#在 iFrame 里面弹出一个 popwindow:tcaptcha_popup
#在 popwindow 里面有一个按钮 : tcaptcha_drag_button
```

10) 功能效果实现

实现滑动效果如图 4-50 所示,滑动验证码破解成功如图 4-51 所示。

图 4-50　实现滑动效果

图 4-51　滑动验证码破解成功

4.12 本章习题

一、选择题

1. XPath 含有超过（　　）内建的函数。
   A. 10 个　　　　B. 100 个　　　　C. 70 个　　　　D. 80 个
2. XPath 使用路径表达式来选取 XML 文档中的（　　）。
   A. 节点或节点集　　B. 路径　　　　C. 地址　　　　D. 标签名称
3. 网络爬虫的最终目的就是过滤选取网络信息，最重要的部分可以说是（　　）
   A. 解析器　　　　B. 注释　　　　C. 库　　　　　D. HTML 文件
4. 中文编码的格式为（　　）。
   A. utf-8　　　　B. Zbc　　　　　C. Gdk　　　　D. Hub
5. bs4 对象的种类有（　　）。（多选）
   A. Tag　　　　　B. BeautifulSoup　C. Lxml　　　　D. Request
6. 在 XPath 语境中，XML 文档被视作什么？（　　）
   A. 节点数　　　　B. 解析器　　　　C. ElementTree　D. 参数
7. BeautifulSoup 类的 Comment 对象是一个特殊类型的（　　）对象。
   A. NavigableString　B. Tag　　　　C. String　　　D. Rose

二、填空题

1. \<html>\<p>\<!-- TEXT --></></html>，如果用 bs4 库解析上述内容，soup.p.string 是_____类型。（填写类型的英文名称）
2. XPath 是_____的主要元素。
3. Beautiful Soup 是用 Python 写的一个_____的解析器。
4. 安装 BeautifulSoup 的步骤是在 cmd 命令行中输入_____。
5. Path 可用来在 XML 文档中对_____和_____进行遍历。
6. 在 XPath 中，有七种类型的节点：_____、_____、_____、_____、_____、_____及_____（或称为根节点）。
7. book 元素是 _____、_____、_____ 及 _____ 元素的父。
8. lxml 有一个非常实用的功能是：_____。
9. XQuery1.0 和 XPath2.0 共享相同的数据模型，并支持_____的函数和运算符。

三、简答题

1. 节点关系有哪几种？
2. Beautifulsoup 是什么？
3. 四大对象种类是哪四种？

第 5 章

Python 与数据库

本章学习目标

- 掌握 Linux 系统下 MySQL 的安装与使用。
- 掌握 Linux 系统下 MongoDB 的安装与使用。
- 掌握 Python 连接数据库的操作。

本章先向读者介绍 MySQL 和 MongoDB 的安装与使用，再介绍 MongoDB 的可视化工具，最后介绍 Python 库 pymongo。

5.1 MySQL 数据库的安装与应用

5.1.1 MySQL 数据库的安装

1. MySQL 简介

MySQL 是一个关系型数据库管理系统，由瑞典 MySQLAB 公司开发，目前属于 Oracle 旗下产品。MySQL 是最流行的关系型数据库管理系统之一，在 Web 应用方面，MySQL 是最好的 RDBMS(Relational Database Management System，关系数据库管理系统)应用软件。

MySQL 是一种关系数据库管理系统，关系数据库把数据保存在不同的表中，而不是把全部数据放在一个大仓库内，这样就加快了速度并提高灵活性。

MySQL 所使用的 SQL 语言是用于访问数据库的最经常使用的标准化语言。MySQL 软件采用双授权政策，分为社区版和商业版，因为其体积小、速度快、整体拥有成本低，尤其是开放源码这一特点，一般中小型网站的开发都选择 MySQL 作为网站数据库。

MySQL 可分为两大部分，分别是数据库和表的创建、数据库和表内容的操作。数据库和表内容的操作如图 5-1 所示。

2. MySQL 安装步骤

（1）安装 MySQL。打开终端 Ubuntu16.04 使用以下命令即可安装 MySQL，如图 5-2 所示。

```
sudo apt-get install MySQL-server
```

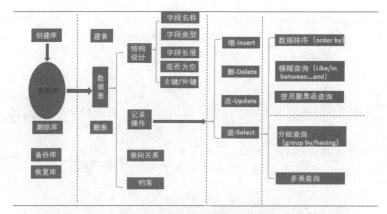

图 5-1　数据库和表内容的操作

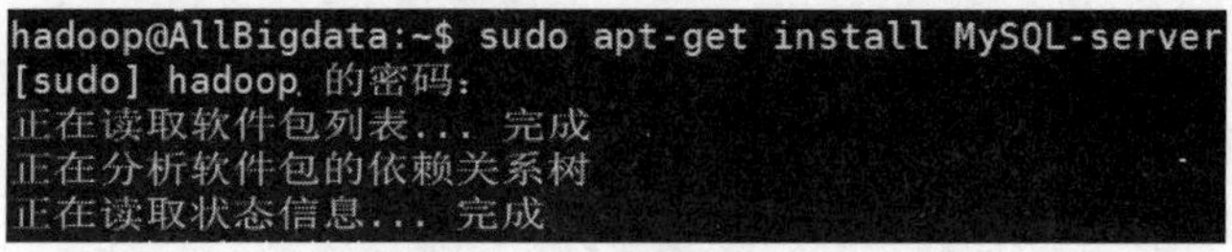

图 5-2　安装 MySQL

无须再安装 MySQL-client 等，安装过程会提示设置 MySQL 的 root 用户密码，设置完成后等待自动安装即可，默认安装完成就启动 MySQL。启动和关闭 MySQL 服务器如图 5-3 所示。

图 5-3　启动和关闭 MySQL 服务器

（2）使用如下命令查看是否启动，如图 5-4 所示。

```
sudo netstat -tap|grep mysql
```

图 5-4　查看是否启动

（3）使用如下命令进入 MySQL 的 shell 界面，如图 5-5 所示。

```
MySQL -u root -p
```

（4）修改编码方式。

```
#编辑配置文件
sudo vi /etc/mysql/mysql.conf.d/mysqld.cnf
#在[MySQLd]下添加一行:
character_set_server=utf8
```

修改编码如图 5-6 所示。

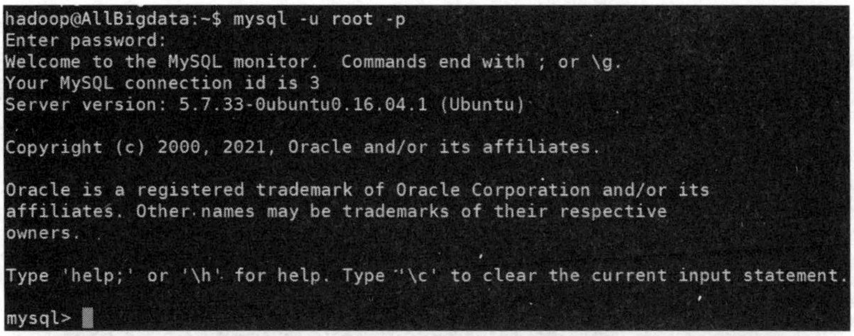

图 5-5　进入 MySQL 的 shell 界面

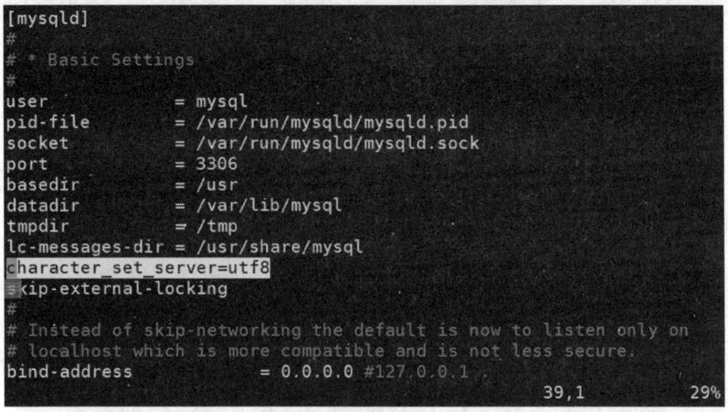

图 5-6　修改编码

（5）重启 MySQL 服务。

```
#重启命令
service mysql restart
```

重启完添加中文即可成功，重启 MySQL 服务如图 5-7 所示。

图 5-7　重启 MySQL 服务

5.1.2　MySQL 数据库的应用

1）与 Python 的连接

（1）进入 MySQL。

MySQL 安装成功后，可使用以下命令登录 MySQL，如图 5-8 所示。

（2）创建数据库。

```
#创建名为"data"的数据库
create database data charset=utf8;
```

创建数据库如图 5-9 所示。

```
hadoop@AllBigdata:/etc/mysql/mysql.conf.d$ mysql -uroot -p
Enter password:
Welcome to the MySQL monitor.  Commands end with ; or \g.
Your MySQL connection id is 4
Server version: 5.7.33-0ubuntu0.16.04.1 (Ubuntu)

Copyright (c) 2000, 2021, Oracle and/or its affiliates.

Oracle is a registered trademark of Oracle Corporation and/or its
affiliates. Other names may be trademarks of their respective
owners.

Type 'help;' or '\h' for help. Type '\c' to clear the current input s
tatement.

mysql>
```

图 5-8 登录 MySQL

```
mysql> create database data_demo charset=utf8;
Query OK, 1 row affected (0.00 sec)

mysql>
```

图 5-9 创建数据库

```
#查看数据库结果:
show databases;
```

查看数据库结果如图 5-10 所示。

```
mysql> create database data_demo charset=utf8;
Query OK, 1 row affected (0.00 sec)

mysql> show databases;
+--------------------+
| Database           |
+--------------------+
| information_schema |
| data               |
| data_demo          |
| douban             |
| hive               |
| log                |
| mysql              |
| performance_schema |
| spark              |
| spider             |
| sys                |
| techbbs            |
+--------------------+
12 rows in set (0.00 sec)
```

图 5-10 查看数据库结果

2）在 PyCharm 中引入 PyMySQL 库，并打开数据库连接

```
import PyMySQL
db=PyMySQL.connect(host='192.168.52.131',#地址
port=3306,#端口
user='root',#账号
passwd='123456',#密码
db='data',#数据库名称
charset='utf8')#中文编码
```

3）使用 cursor() 方法创建一个游标对象

```
cursor=db.cursor()
```

4）使用 execute() 方法执行 SQL 查询

```
cursor.execute("SELECT VERSION()")
data=cursor.fetchone()
print(data)
```

5）使用 fetchone() 方法获得单条数据

获取单条数据如图 5-11 所示。

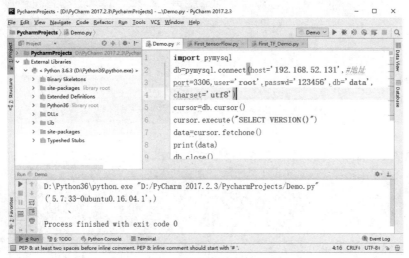

图 5-11　获取单条数据

5.2　MongoDB 的安装与使用

5.2.1　MongoDB 的安装

1. MongoDB 简介

MongoDB 是一个介于关系数据库和非关系数据库之间的产品，是非关系数据库当中功能最丰富、最像关系数据库的产品。它支持的数据结构十分松散，是类似 JSON 的 BSON 格式，因而能够存储比较复杂的数据类型。MongoDB 最大的特点是它支持的查询语言十分强大，其语法有点近似于面向对象的查询语言，几乎能够实现类似关系数据库单表查询的绝大部分功能，并且还支持对数据建立索引。

2. MongoDB 下载与安装

使用以下命令安装 MongoDB，如图 5-12 所示。

```
sudo apt-get install -y mongodb-org
```

使用以下命令启动、重新启动和关闭 MongoDB。

```
sudo service mongod start
sudo service mongod stop
sudo service mongod restart
```

查看是否启动成功。

```
#对 MongoDB 的日志进行查看
```

```
sudo cat /var/log/mongodb/mongod.log
```

若在 mongod.log 日志中出现图 5-13 所示的信息，说明启动成功。

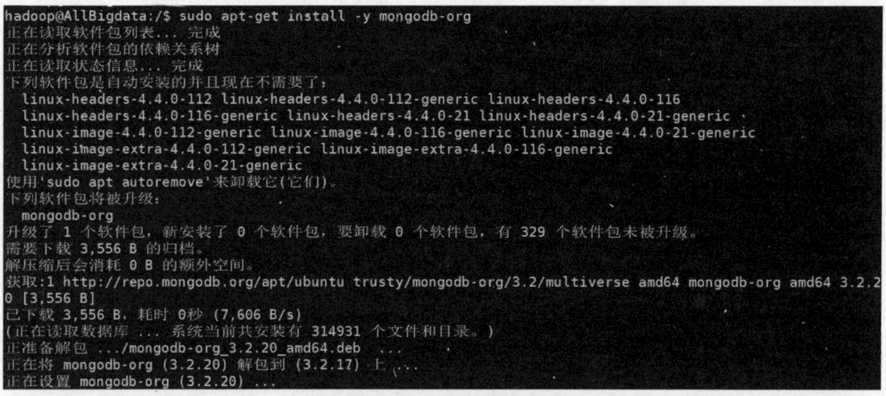

图 5-12　安装 MongoDB

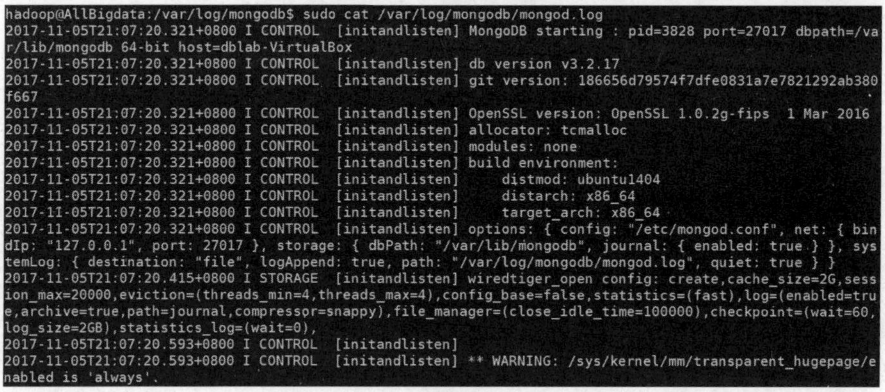

图 5-13　查看日志信息

3. MongoDB 卸载

```
#运行下面的命令便可实现 MongoDB 的卸载
sudo apt-get purge mongodb-org*
#运行下面的命令实现删除 MongoDB 数据库和日志文件
sudo rm -r /var/log/mongodb
sudo rm -r /var/lib/mongodb
```

5.2.2　MongoDB 的使用

在 Python 中想要把数据存储到 MySQL 中，需要借助 PyMySQL 来进行操作，首先打开终端下载相对应的库，代码如下，安装 pymongo 如图 5-14 所示。

```
pip install pymongo
```

安装完成测试是否成功，可在终端的 Python 编辑窗口中输入如下命令，导入 pymongo 查看版本如图 5-15 所示。

```
import pymongo
pymongo.version
```

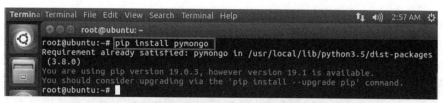

图 5-14　安装 pymongo

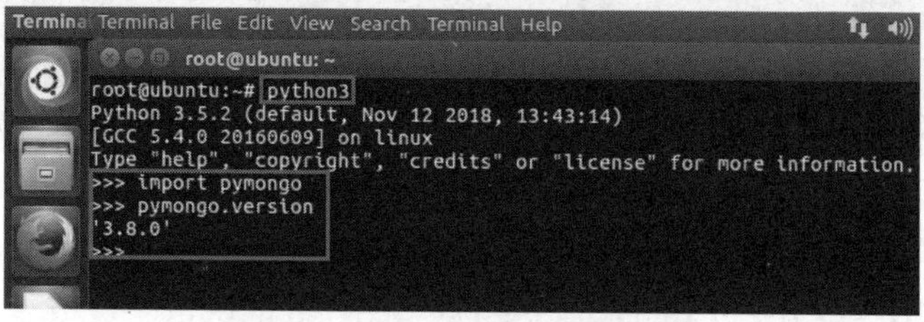

图 5-15　导入 pymongo 查看版本

在连接 MongoDB 时，需要使用 PyMongDB 库里面的 MongoClient，传入 MongoDB 的 IP 及端口，其中一个参数地址为'localhost'，第二个参数为端口 port，代码如下：

```
##-*-coding:utf-8-*-
import pymongo
client=pymongo.MongoClient(host='localhost',port=27017)
```

另外，MongoClient 的第一个参数 host 还能够直接传入 MongoDB 的连接字符串，它以 mongodb 开头，代码如下：

```
client=pymongo.MongoClient('mongodb://localhost:27017/')
```

1. 指定数据库

MongoDB 中能够建立多个数据库，需要指定操作哪个数据库，这里以 test 数据库来举例说明，下一步需要在程序中指定要使用的数据库，代码如下：

```
db=client['test']
```

2. 指定集合

MongoDB 中的每个数据库包含许多集合，它们类似于关系型数据库中的表，下一步需要指定要操作的集合，这里指定一个集合名称为 students，与指定的数据库类似，代码如下：

```
collection=db['students']
```

3. 插入数据

关于 students 这个集合，新建一条学生数据，这条数据以字典形式表示，代码如下：

```
students={
'id':'20190506',
'name':'xubin',
'age':'22',
'gender':'male'
}
```

指定学生的学号、姓名、年龄和性别，分别调用 collection 的 insert 方法进行插入数据，代码如下：

```
result=collection.insert(students)
print(result)
```

4. 查看数据库的数据

在终端命令中登录 MongoDB 数据库，查看所插入的数据是否存在，登录 MongoDB 如图 5-16 所示。

图 5-16　登录 MongoDB

5.2.3　MongoDB 的可视化工具 RockMongo

RockMongo 是 PHP5 写的一个 MongoDB 管理工具。经由 RockMongo 能够管理 MongoDB 服务、数据库、集合、文档、索引等。它提供十分人性化的操作，类似 phpMyAdmin。RockMongo 下载官网如图 5-17 所示。

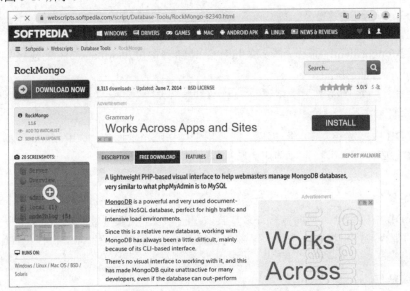

图 5-17　RockMongo 下载官网

5.3　Python 库 pymongo

1. pymongo 的安装

pymongo 是 Python 中用来操作 MongoDB 的一个库。而 MongoDB 是一个基于分布式文件存储的数据库，旨在为 Web 应用提供可扩展的高性能数据存储解决方案。其文件存储格式类似于 JSON，称为 BSON，不严谨、通俗地理解，便是 Python 中的字典键值对格式。MongoDB 与 Python 的连接要用到 pymongo 这个包。

（1）pip3 安装方式。

pip 是一个公用的 Python 包管理工具，提供对 Python 包的查找、下载、安装、卸载的功能。

```
#安装 pymongo
python3 -m pip3 install pymongo
#也能够指定安装的版本
python3 -m pip3 install pymongo==3.5.1
#更新 pymongo 命令
python3 -m pip3 install --upgrade pymongo
```

（2）easy_install 安装方式。

```
#旧版的 Python 能够使用 easy_install 来安装
python -m easy_install pymongo
#更新 pymongo 命令
python -m easy_install -U pymongo
```

（3）测试 pymongo。

测试的代码如下，执行以上代码文件，假如没有出现错误，表示安装成功。

```
import pymongo
```

2. Python 与 MongeDB 的连接

PHP 提供 MySQLi_connect()函数来连接数据库，该函数有六个参数，在成功连接到 MySQL 后返回连接标识，失败返回 FALSE。

```
mysqli_connect(host,usernane,password,dbname,port);
```

参数说明：host 规定主机名域 IP 地址、usemame 规定 MySQL 用户名、dbname 规定默认使用的数据库、port 规定尝试连接到 MySQL 服务器的端口号。

能够使用 PHP 的 MySQLi_close()函数来断开与 MySQL 数据库的连接。该函数只有一个参数为 MySQLi_connect()函数创建连接成功后返回的 MySQL 连接标识符。

可以尝试以下实例来连接到的 MongDB 服务器，并创建一个数据库，代码如下，pymongo 执行结果如图 5-18 所示。

```
import pymongo
myclient=pymongo.MongoClient("mongodb://192.168.52.131:27017/")
mydb=myclient["Test1"]
```

图 5-18　pymongo 执行结果

5.4 本章习题

1. 编写程序，实现将列表 L= [23,45,78,87,11,67,89,13,243,56,67,311,431,111,141] 中的素数去除，并输出去除素数后列表 L 的元素个数。
2. 定义一个函数 quadratic(a, b, c)，接收三个参数，返回一元二次方程：$ax2 + bx + c = 0$ 的两个解，可以调用 math.sqrt()函数。
3. 利用切片操作，实现一个 strip_trim()函数，去除字符串首尾的空格，注意不要调用 str 的 strip()方法。
4. 使用迭代查找一个 list 中的最小和最大值，并返回一个元组。
5. 编写程序，获得输入的数值 M 和 N，求 M 和 N 的最大公约数。
6. 利用 map()函数，把用户输入的不规范的英文名字变为首字母大写、其他字母小写的规范名字。

第 6 章

Python 网络爬虫框架

本章学习目标

- 了解 Python 网络爬虫框架。
- 了解 PySpider 框架和 Scrapy 框架。
- 了解 PySpider 框架和 Scrapy 框架的区别。
- 了解什么是 PySdier。
- 了解如何安装部署 PySdier。
- 了解 Rabbtitmq 队伍去重。
- 了解 Scrapy 的网络爬虫框架。
- 掌握 Scrapy 的安装。
- 掌握 Scrapy 基本项目文件的作用。
- 掌握 Redis 队列的安装。
- 掌握 Redis 队列的基本使用。
- 了解 Django 架构。
- 掌握多种页面数据采集方式。
- 掌握采集多种 Xpath 结构页面。
- 了解 Scrapyd 管理网络爬虫。
- 掌握 Spiderkeeper 进行任务监控与定时抓取。
- 了解 Supervisor 网络爬虫进程管理。
- 了解 Scrapy 与 Nginx 的搭配。

本章先向读者介绍 Python 网络爬虫框架及常见的网络爬虫框架；而后再分别介绍 PySdier 的概念及用法、如何安装部署 PySdier、Rabbtitmq 队伍去重、Scrapy 的简介与安装、Scrapy 的项目文件介绍、Scrapy 的使用、Scrapy_Redis 的安装与使用；最后介绍 Scrapyd 管理网络爬虫、Spiderkeeper 进行任务监控与定时抓取、Supervisor 网络爬虫进程管理、Scrapy 与 Nginx 的搭配。

6.1 Python 网络爬虫的常见框架

1. 为什么要使用网络爬虫框架

在以往的网络爬虫应用过程中，只是简单地运用 requsets、XPath 等网络爬虫库，这样远远无法达到一个网络爬虫框架的需求。一个网络爬虫框架的原形，应该包括调度器、队列、请求对象等。

然而这样的架构和模块还是过于简易，远远无法满足大项目的要求。假如把各个组件独立开来，定义成有差别的模块，也就渐渐形成一个框架。

一旦有框架之后，就不用顾虑网络爬虫的全部流程，异常处理、任务调度等都会集成在框架里。只需要考虑网络爬虫的中心逻辑部分，如页面信息的提取、下一步请求的生成等。这样，不但开发效率会提高很多，而且网络爬虫的可靠性也更强。

在项目实战过程中，往往会采用网络爬虫框架来完成抓取，如此可提升开发效率、节省开发所花费的时间。

2. 网络爬虫框架是什么

关于网络爬虫系统，首先在互联网页面里事先精心挑选一部分网页，以这些网页的链接地址作为种子 URL，把这些种子放入待抓取 URL 队列中，网络爬虫从待抓取 URL 队列逐个读取，并把 URL 经由 DNS 解析，把链接地址转换成网站服务器相对应的 IP 地址。而后把其和网页相对应的路径名称提交给网页下载器，网页下载器负责页面的下载。

关于曾经下载到本地的网页，一方面把其存储到页面库中，等候建立索引等后续处理；另一方面把下载网页的 URL 放入已抓取队列中，该队列记录网络爬虫系统已经下载过的网页 URL，以避免系统的反复抓取。

关于之前下载的网页，从中抽取出包罗的一切链接相关信息，并在已下载的 URL 队列中进行查看，假如发现链接还没有被抓取过，则放到待抓取 URL 队列的队尾。在之后的抓取调度中会下载这个 URL 对应的网页。

重复同样的动作，构成循环，直到待抓取 URL 队列为空，这代表着网络爬虫系统把能够抓取的网页已经都抓完，此时完成一轮完整的抓取过程。

3. 常见 Python 网络爬虫框架

（1）Scrapy：很健壮的网络爬虫框架，能够满足简短易懂的页面抓取，使用这个框架能够轻松抓取下来如亚马逊商品信息之类的数据，但是对于稍微复杂一点的页面，如微博的页面信息，这个框架就比较难满足。

（2）Crawley：高速抓取对应网站的内容，支持关系和非关系数据库，数据能够导出为 JSON 格式、XML 格式等。

（3）Portia：可视化抓取网页内容。

（4）newspaper：抓取新闻、文章及内容分析。

（5）python-goose：用 Java 写的文章抓取工具。

（6）BeautifulSoup：名气大，整合一些常用网络爬虫需求。

（7）mechanize：能够加载 JS。

（8）Selenium：这是一个调用浏览器的 driver，经由这个库能够直接调用浏览器实现某些操作，例如输入验证码。

（9）cola：一个分布式网络爬虫框架，项目整体设计有点糟，模块间耦合度较高。

网络爬虫框架如图 6-1 所示。

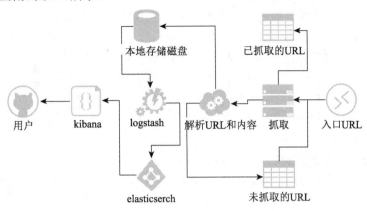

图 6-1　网络爬虫框架

4. Python 网络爬虫能够用来干什么

Python 之所以能够很好地使用与开发网页网络爬虫，原因如下。

1）抓取网页本身的接口

相比其静态编程语言，如 Java、C#、C++，Python 抓取网页文档的接口更简约；相比其动态脚本语言，如 Perl，Shell，Python 的 urllib 包提供较为完整的访问网页文档的 API。

此外，抓取网页有时候需要模拟浏览器的行为，很多网站关于过于单一的网络爬虫抓取都设有一定对应的反爬行为。这个时候需要模拟 User-Agent 的行为构造正常的请求，例如模拟用户登录、模拟 Session/Cookie 的存储和设置。在 Python 里都有十分优秀的第三方包帮忙搞定，如 requests、mechanize。

网络爬虫就是经由本地远程访问 URL，而后对源代码进行解析，获得自己需要的数据，相当于简短易懂数据挖掘。

2）网页抓取后的处理

抓取的网页往往需要处理，如过滤网页标签、提取文本等。Python 的 BeautifulSoap 提供简约的文档处理功能，能用极短的代码实现大部分文档的处理。

尽管以上的功能很多语言和工具都能做到，然而从同样的处理执行效率来看，用 Python 解决是最快的。

6.2　PySpider 网络爬虫框架简介

1. PySpider

PySpider 是健壮的网络爬虫系统，并带有强大的 WebUI。采用 Python 语言编辑，分布式架构，支持多种数据库后端，强大的 WebUI 支持脚本编辑器、任务监视器、项目管理器及结果查看器。它是一个用 Python 实现的功能强大的网络爬虫系统，能在浏览器界面上进行脚本的编辑、功能的调度和抓取结果的实时查看，后端使用常用的数据库进行抓取结果的存储，还能按时设置任务与任务优先级等。

2. PySpider 的基本功能

（1）提供便利易用的 WebUI 系统、可视化编辑和可视化调试网络爬虫。
（2）提供抓取进度监控、抓取结果检查、网络爬虫项目管理等功能。
（3）支持多种后端数据库，如 MySQL、MongoDB、Reids、SQLite、Elasticsearch、PostgreSQL。
（4）支持多种消息队列，如 RabbitMQ、Beanstalk、Redis、Kombu。
（5）提供优先级管制、失败重试、按时抓取等功能。
（6）对接 PhantomJS，能够抓取 JavaScript 渲染的页面。
（7）支持单机和分布式部署，支持 Docker 部署。

3. PySpider 的架构

PySpider 的架构主要分为调度器、抓取器、处理器三个部分。整个抓取过程受到监控器的监控，抓取的结果被结果处理器处理，PySpider 的架构如图 6-2 所示。

Scheduler 发起任务调度，Fetcher 负责抓取网页内容，Processer 负责解析网页内容，而后把新生成的 Request 发给 Scheduler 进行调度，把生成的提取结果输出保留。

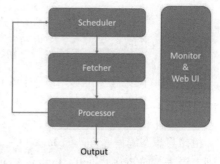

图 6-2　PySpider 的架构

4. PySpider 的任务执行流程

（1）每个 PySipder 的项目对应一个 Python 脚本，该脚本定义一个 Handler 类，它有一个 on_start()方法。抓取首先调用 on_start()方法生成最初的抓取任务，而后发送给 Scheduler。

（2）Scheduler 把抓取任务分发给 Fetcher 进行抓取，Fetcher 执行并得到响应，随后把响应发送给 Processer。

（3）Processer 处理响应并提取出新的 URL，生成新的抓取任务，而后经由消息队列的方式通知 Scheduler 当前抓取任务执行情况，并把新生成的抓取任务发送给 Scheduler。假如生成新的提取结果，则把其发送到结果队列等待 ResultWorker 处理。

（4）Scheduler 接收到新的抓取任务，而后查询数据库，判别是新的抓取任务还是需要重试的任务，再继续进行调度，而后把其发送回 Fetcher 进行抓取。

（5）一直重复以上工作，直到全部的任务都执行结束，抓取完毕。

抓取完毕后，程序会回调 on_finished()方法，这里能够定义后处理过程。

6.3　Scrapy 网络爬虫框架简介

1. Scrapy

Scrapy 是一个开源和协作的框架，其最初是为页面抓取所设计的，使用它能够实现以快速、简短易懂、可扩展的形式从网站中提取所需的数据。但目前 Scrapy 的用处十分普遍，可用于数据挖掘、监测和自动化测试等领域，也能够应用在获得 API 所返回的数据。

Scrapy 是基于 twisted 框架开发而来的，twisted 是一个流行的事件驱动的 Python 网络框架。因而 Scrapy 使用一种非阻塞的代码来完成并发，Scrapy 框架如图 6-3 所示。

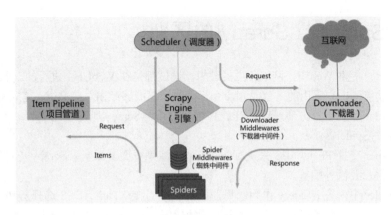

图 6-3 Scrapy 框架

2. Scrapy 各个部分的作用

1）引擎

引擎（Engine）负责控制系统一切组件之间的数据流，并在某些动作发生时触发事件。

2）调度器

调度器（Scheduler）用来接收引擎发过来的请求，压入队列中，并在引擎再次请求的时候返回，可以想象成一个 URL 的优先级队列，由它来决定下一个要抓取的网址是什么，同时去除重复的网址。

3）下载器

下载器（Dowloader）用于下载网页内容，并把网页内容返回给引擎，下载器是建立在 twisted 这个高效的异步模型上的。

4）网络爬虫

网络爬虫（Spiders）是开发人员自定义的类，用来解析响应，并且提取 items，或者发送新的请求。

5）项目管道

项目管道（Itempiplines）是在 items 被提取后负责处理它们，主要包括清理、验证、持久化等操作。

6）下载器中间件

下载器中间件（DownloaderMiddlewares）位于 Scrapy 引擎和下载器之间，主要用来处理从引擎传到下载器的请求以及从下载器传到引擎的响应，可用该中间件做以下几项工作：

（1）在把请求发送到下载程序之前处理请求。

（2）在把其传递给蜘蛛之前更改收到的响应。

（3）发送新请求而不是把收到的响应传递给蜘蛛。

（4）把响应传递给蜘蛛而不提取网页。

（5）默默地放弃一些请求。

（6）网络爬虫中间件（SpiderMiddlewares）位于引擎和网络爬虫之间，主要工作是处理网络爬虫的输入和输出。

6.4　PySpider 与 Scrapy 的区别

（1）PySpider 提供 WebUI，网络爬虫的编辑、调试都是在 WebUI 中进行的。而 Scrapy 原生是不具备这个功能的，它采用的是代码和命令行操作，但能够经由对接 Portia 完成可视化配置。

（2）PySpider 调试十分方便，WebUI 操作便捷直观。Scrapy 则是使用 parse 命令进行调试，方便程度不及 PySpider。

（3）PySpider 支持 PhantomJS 来进行 JavaScript 渲染页面的采集。Scrapy 能够对接 Scrapy-Splash 组件，这需要额外配置。

（4）PySpider 中内置 pyquery 作为选择器。Scrapy 对接 XPath、CSS 选择器和正则匹配。

（5）PySpider 的可扩展程度缺乏，可配制化程度不高。Scrapy 能够经由对接 Middleware、Pipeline、Extension 等组件实现十分强大的功能，模块之间的耦合程度低，可扩展程度极高。

6.5　PySpider 网络爬虫框架的安装和使用

6.5.1　PySpider 的安装与部署

1. PySpider 简介

PySpider 是一个网络爬虫架构的开源化实现，主要的功能如下：

（1）抓取、更新调度多站点的特定页面。

（2）需要对页面进行结构化信息提取。

（3）灵活可扩展，稳定可监控。

2. PySpider 设计基础

绝大多数 Python 网络爬虫的需求是定向抓取、结构化解析。PySpider 的设计基础是以 Python 脚本驱动的抓取环模型网络爬虫。经由 Python 脚本进行结构化信息的提取，follow 连接调度抓取控制，实现最大的灵活性。经由 Web 化的脚本编辑、调试环境，Web 展现调度状态。抓取环模型成熟稳定，模块间互相独立，经由消息队列连接，从单进程到多机分布式灵活拓展。

3. Windows 系统下 PySpider 控制台使用说明

PySpider 控制台使用说明如图 6-4 所示。

图 6-4　PySpider 控制台使用说明

队列统计：是为方便查看网络爬虫状态、优化网络爬虫抓取速度新增的状态统计。每个组件之间的数字便是对应不同队列的排队数量，通常是 0 或是个位数。假如达到几十甚至一百，说明下游组件出现瓶颈或错误，需要进行分析处理。

新建项目：PySpider 与 Scrapy 最大的区别就在这里，PySpider 新建项目调试项目完全在 Web 下进行，而 Scrapy 是在命令行下开发并运行测试。

组名：项目新建后一般来说是不能修改项目名的，假如需要特殊标记可修改组名，直接在组名上单击鼠标左键进行修改。

运行状态：这一栏显示的是当前项目的运行状态。每个项目的运行状态都是独自设置的，直接在每个项目的运行状态上单击鼠标左键进行修改，运行分为五个状态，分别是 TODO、STOP、CHECKING、DEBUG、RUNNING。

各状态说明：TODO 是新建项目后的默认状态，不会运行项目；STOP 状态是中止状态，也不会运行；CHECHING 是修改项目代码后自动变的状态；DEBUG 是调试模式，遇到错误信息会中止继续运行；RUNNING 是运行状态，遇到错误会自动尝试，假如还是错误，会跳过错误的任务继续运行。

速度控制：如果抓得很慢，多数情况是速度被限制，这个功能便是速度设置项，rate 是每秒抓取页面数，burst 是并发数。

简短易懂统计：这个功能只是简短易懂地做运行状态统计，5m 是五分钟内任务执行情况，1h 是一小时内运行任务统计，1d 是一天内运行统计，all 是全部的任务统计。

运行：run 按钮是项目初次运行需要点的按钮，这个功能会运行项目的 on_start()方法来生成入口任务。

任务列表：显示最新任务列表，方便查看状态、检查错误等。

结果查看：查看项目抓取的结果。

4. PySpider 的安装与部署步骤

1）Windows 系统下安装 PySpider

在 Windows 系统下安装 PySpider，需要先安装 pycurl 依赖库，安装后，再安装 PySpider。首先打开 CMD 命令窗口，安装响应的模块如图 6-5 所示。

```
pip install pycurl
pip install pyspider
```

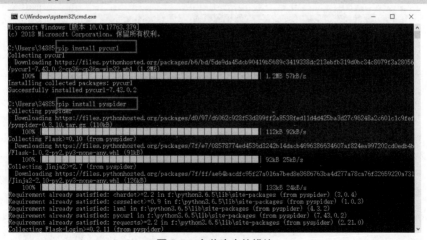

图 6-5　安装响应的模块

2）PySpider 启动

安装完成后，在 CMD 命令行中输入 PySpider 启动，启动 PySpider 报错如图 6-6 所示。

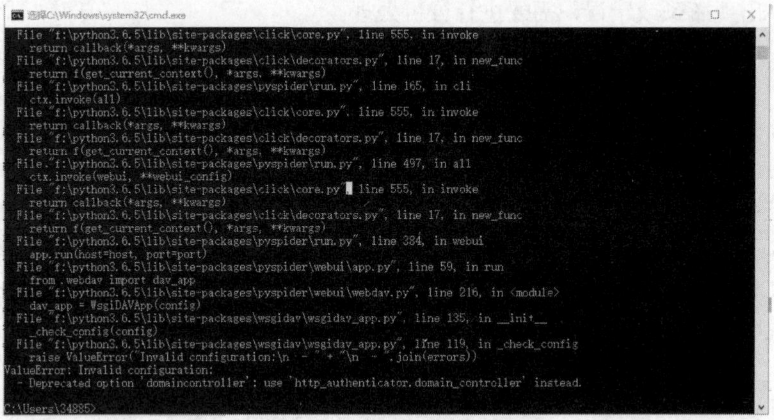

图 6-6　启动 PySpider 报错

3）解决问题

WsgiDAV 发布版本是 pre-release3.x 的，需要把版本降下来，代码如下，安装 wsgidav 如图 6-7 所示。

```
python -m pip install wsgidav==2.4.1
```

图 6-7　安装 WsgiDAV

4）重新启动

把版本降低下来后，重新在 CMD 命令窗口中启动服务，代码如下，启动服务如图 6-8 所示。

```
pyspider all
```

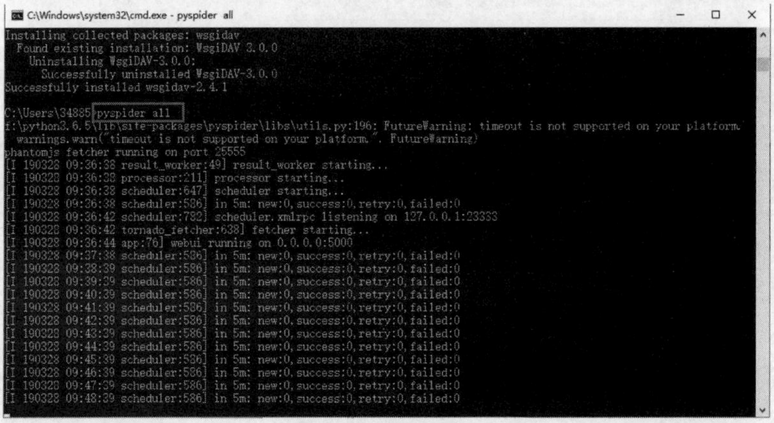

图 6-8　启动服务

在浏览器中输入 http://localhost:5000 进行测试，PySpider 界面如图 6-9 所示，表示 PySpider 框架已经搭建成功。

图 6-9　PySpider 界面

6.5.2　PySpider 的界面介绍

1. PySpider 框架

PySpider 是强大的网络爬虫工具，它带有强大的 WebUI、脚本编辑器、任务监控器、项目管理及结果处理器，支持多种数据库后端、多种消息队列、JavaScript 渲染页面的抓取，使用起来十分方便。

2. 首页介绍

PySpider 主控制台如图 6-10 所示。

图 6-10　PySpider 主控制台

3. 编辑页面介绍

右侧主要用于编辑网络爬虫脚本，编辑代码区如图 6-11 所示。

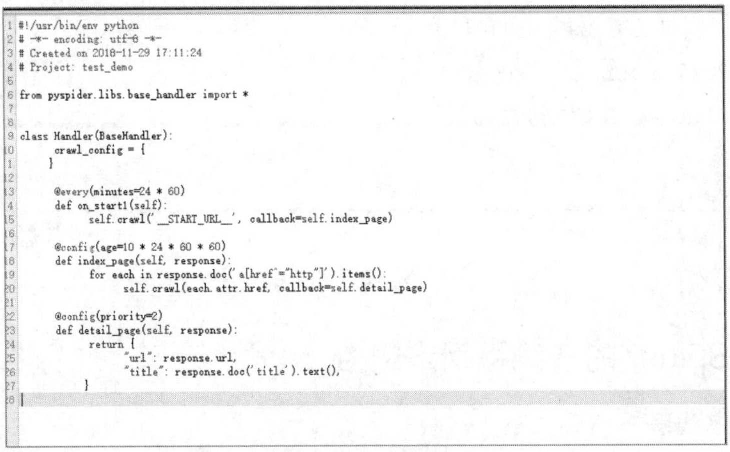

图 6-11　编辑代码区

核心代码都在 BaseHandler 中，Handler 类秉承 BaseHandler，该类存放在 base_handler.py 文件中。

crawl_config：为全局配置对象，经由源码能够看到，能够支持很多配置，crawl_config 函数如图 6-12 所示。

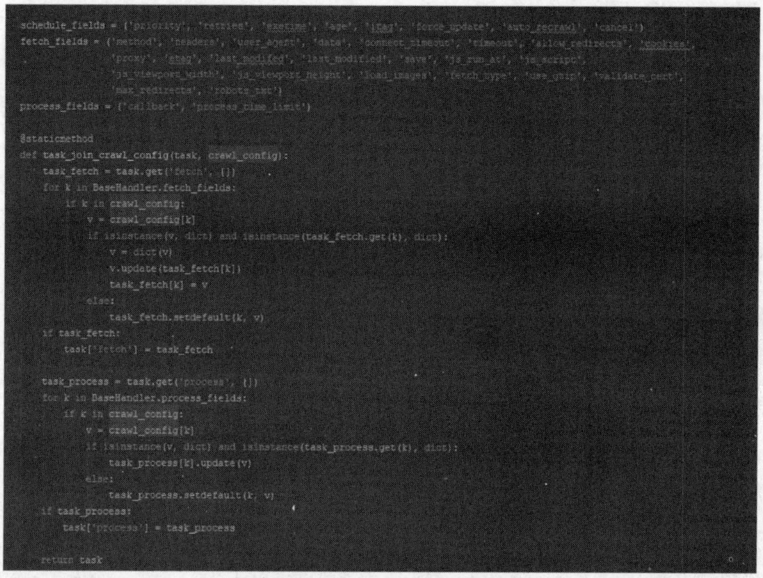

```
schedule_fields = ('priority', 'retries', 'exetime', 'age', 'itag', 'force_update', 'auto_recrawl', 'cancel')
fetch_fields = ('method', 'headers', 'user_agent', 'data', 'connect_timeout', 'timeout', 'allow_redirects', 'cookies',
                'proxy', 'etag', 'last_modifed', 'last_modified', 'save', 'js_run_at', 'js_script',
                'js_viewport_width', 'js_viewport_height', 'load_images', 'fetch_type', 'use_gzip', 'validate_cert',
                'max_redirects', 'robots_txt')
process_fields = ('callback', 'process_time_limit')

@staticmethod
def task_join_crawl_config(task, crawl_config):
    task_fetch = task.get('fetch', {})
    for k in BaseHandler.fetch_fields:
        if k in crawl_config:
            v = crawl_config[k]
            if isinstance(v, dict) and isinstance(task_fetch.get(k), dict):
                v = dict(v)
                v.update(task_fetch[k])
                task_fetch[k] = v
            else:
                task_fetch.setdefault(k, v)
    if task_fetch:
        task['fetch'] = task_fetch

    task_process = task.get('process', {})
    for k in BaseHandler.process_fields:
        if k in crawl_config:
            v = crawl_config[k]
            if isinstance(v, dict) and isinstance(task_process.get(k), dict):
                task_process[k].update(v)
            else:
                task_process.setdefault(k, v)
    if task_process:
        task['process'] = task_process

    return task
```

图 6-12　crawl_config 函数

on_start 入口方法：一般为主页面的方法，这个名字不能改，由于源码里启动入口方法便是 on_start，其余 index_page 和 detail_page 不是强制性的，可根据需求起名字。

4. PySpider 框架主控制台介绍

控制台默认地址：127.0.0.1:5000。

队列统计：是为方便查看网络爬虫状态，优化网络爬虫抓取速度新增的状态统计。每个组件之间的数字便是对应不同队列的排队数量。

组名：项目新建后一般是不能修改项目名的，假如需要特殊标记，可修改组名。直接在组名上单击鼠标左键进行修改。注意：组名改为 delete 后，假如状态为 stop 状态，24 小时后项目会被系统删除。网页功能图解如图 6-13 所示。

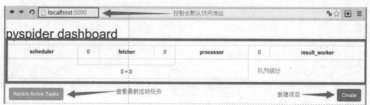

图 6-13　网页功能图解

6.5.3　PySpider 的多线程网络爬虫

1. 什么是多线程

进程（Process）是计算机中的程序关于某数据集合上的一次运行活动，是系统进行资源分配和调度的基本单位,是操作系统结构的基础。在早期面向进程设计的计算机结构中,进程是程序的基本执行实体。在当代面向线程设计的计算机结构中,进程是线程的容器。程序是指令、数据及其组织形式的描述,进程是程序的实体。

进程可以简单地理解为一个能够独立运行的程序单位。它是线程的集合,进程便是由一个或多个线程构成的,每一个线程都是进程中的一条执行路径。多线程是指一个进程中同时有多个线程正在执行。

一个进程中能够开启多个线程,多个线程能够同时执行不同的任务。多线程能够提高程序的执行效率。

2. 多线程的原理

对于单核 CPU 来说,同一时间,CPU 只能处理一个线程,只有一个线程正在执行。多线程同时执行的本质是 CPU 快速在多个线程之间的切换。CPU 调度线程的时间足够快,就造成多线程的同时执行。假如线程数十分多,CPU 会在 n 个线程之间切换,消耗大量的 CPU 资源,每个线程被调度的次数会降低,线程的执行效率降低。多线程抓取网页如图 6-14 所示。

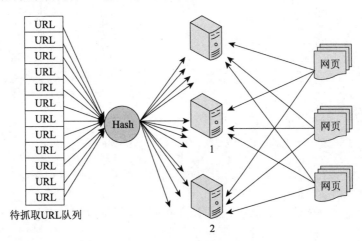

图 6-14　多线程抓取网页

3. 多线程的优点

在一个程序中很多操作是十分耗时的,如数据库读写操作、IO 操作等,假如使用单线程,那么程序就必须等待这些操作执行完成之后才能执行其操作。使用多线程能够在把耗时任务放在后台继续执行的同时,同时执行其他操作,能够提高程序的效率。在一些等待的任务上,如用户输入、文件读取等,多线程就十分有用。

4. 多线程的缺点

(1) 使用太多线程是很耗系统资源的,因为线程需要开辟内存,更多线程需要更多内存。

(2) 影响系统性能。由于操作系统需要在线程之间来回切换,需要考虑线程操作对程序的影响,如线程挂起、中止等操作对程序的影响,线程使用会发生很多问题。

5. 创建多线程

线程创建主要有两种方式,一种是继承 Thread 类,重写 run() 方法;另一种则是实现 Runable 接口,也需要重写 run() 方法。

线程的启动可以调用 start() 方法,也可以直接利用线程对象的 run() 方法,不过直接使用 run()

方法就只是一个一般的方法。

  target：要使用线程的方法。

  name：线程名。

  args/kwargs：传给方法的参数，假如只有一个参数，元组需要加个","。

1）使用函数创建多线程

  在 Python 3 中，Python 提供一个内置模块 threading.Thread，threading.Thread()通常接收两个参数，分别是：

  （1）线程函数名：要放置线程让其后台执行的函数，由自己定义，注意不要加()。

  （2）线程函数的参数：线程函数名所需的参数，以元组的方式传入，若不需要参数，可以不指定，代码如下：

```python
import time
from threading import Thread
#自定义线程函数
def main(name="Python"):
    for i in range(2):
        print("hello",name)
        time.sleep(1)
#创建线程 01,不指定参数
thread_01=Thread(target=main)
#启动线程 01
thread_01.start()
#创建线程 02，指定函数，注意逗号
thread_02=Thread(target=main,args=("MING",))
#启动线程 02
thread_02.start()
```

2）使用类创建多线程

  首先，要自定义一个类，关于这个类有两点要求，必须继承 threading.Thread 这个父类；必须覆写 run 方法。此处的 run 方法和上面线程函数的性质是一样的，是可以写的业务逻辑程序。能够看出输出的结果是一致的，代码如下：

```python
import time
from threading import Thread
class MyThread(Thread):
    def __init__(self, name='Python3'):
        super().__init__()
        self.name = name
    def run(self):
        for i in range(2):
            print("Hello", self.name)
            time.sleep(1)
```

3）多线程

  线程函数都使用最简短易懂的代码逻辑，而在实际应用当中，多线程运行期间，还会出现许多问题，只是目前还没体会到它的复杂性，常用的方法如下：

```python
t=Thread(target=func)
#启动子线程
t.start()
```

```
#阻塞子线程，待子线程结束后，再往下执行
t.join()
#判断线程是否在执行状态，在执行返回True，否则返回False
t.is_alive()
t.isAlive()
#设置线程是否随主线程退出而退出，默认为False
t.daemon=True
t.daemon=False
#设线程名
t.name="My-Thread"
```

6.5.4 使用 Phantomjs 渲染

1. Phantomjs 介绍

Phantomjs 是一个基于 WebKit 内核的无头浏览器，没有 UI 界面，即它是一个浏览器，只是其内的点击、翻页等相关操作需要程序设计完成。

它提供 JavaScriptAPI 接口，即经由编辑 JS 程序能够直接与 WebKit 内核交互，在此之上能够结合 Java 语言等，经由 Java 调用 JS 等相关操作，从而解决以前 C/C++才可以比较好地基于 WebKit 开发优质采集器的局限。

提供 Windows、Linux、Mac 等不同 OS 的安装应用包，也就是说，能够在不同平台上进行二次开发采集项目或是自动项目测试等工作。

2. Phantomjs 常用 API 介绍

1）常用内置几大对象

var system=require('system')，获得系统操作对象，包括命令行参数、phantomjs 系统设置等信息。

var page=require('webpage')，获得操作 Dom 或 Web 网页的对象，经由它能够打开网页，接收网页内容、request 参数、response 参数，其为最核心对象。

var fs=require('fs')，获得文件系统对象，经由它能够进行系统的文件操作，包括 read、write、move、copy、delete 等。

2）常用 API

page.open(url,function(status))，经由 page 对象打开 URL 链接，并能够回调其声明的回调函数，其回调发生的时机为该 URL 被彻底打开完毕，即该 URL 所引发的请求项被全部加载完，但 Ajax 请求是与它的加载完毕与否没有关系的。

page.onLoadStarted=function()，当 page.open 调用时，会首先执行该函数，在此能够预置一些参数或函数，用于后边的回调函数中。

page.onResourceError=function(resourceError)，page 所要加载的资源在加载过程中出现各种失败，则在此回调处理。

page.onResourceRequested=function(requestData,networkRequest)，page 所要加载的资源在发起请求时，都能够回调该函数。

page.onResourceReceived=function(response)，page 所要加载的资源在加载过程中，每加载一个相关资源，都会在此先做出响应，它相当于 HTTP 头部分，其核心回调对象为 response，能够在此获得本次请求的 Cookies、UserAgent 等。

page.onConsoleMessage=function(msg)，欲在执行 Web 网页时，打印一些输出信息到控制台，则能够在此回调显示。

page.onAlert=function(msg)，Phantomjs 是没有界面的，所以对 alert 也是无法直接弹出的，故 Phantomjs 以该函数回调在 page 执行过程中的 alert 事件。

page.onError=function(msg,trace)，当 page.open 中的 URL 自己（不包括所引起的其他加载资源）出现异常时，如 404、noroutetowebsite 等，都会在此回调显示。

page.onUrlChanged=function(targetUrl)，当 page.open 打开的 URL 或是该 URL 在打开过程中基于该 URL 进行跳转时，则可在此函数中回调。

page.onLoadFinished=function(status)，当 page.open 的目标 URL 被真正打开后，会在调用 open 的回调函数前调用该函数，在此能够进行内部的翻页等操作。

page.evaluate(function(){})，在所加载的 webpage 内部执行该函数，如翻页、点击、滑动等，均可在此中执行。

page.render("")，把当前 page 的现状渲染成图片，输出到指定的文件中去。

6.5.5 PySpider 网络爬虫时间控制

1. 当网络爬虫遇到 IP 和访问时间间隔限制

学会网络爬虫相关知识，不可缺少地需要思考反网络爬虫的问题。例如 IP 限制、时间间隔限制、验证码限制等相关情况，都会让网络爬虫的工作无法顺利进行下去。所以也有像运用 IP 代理、调整时间限制等相关方法去处理反网络爬虫的问题。具体的办法也需要依据特定的问题进行适当的调整。

2. 处理方法

1）利用代理 IP 来解决限制

假如有相关需求，或是想要稳定的效果，以及长期从事相关工作，可以尝试使用付费代理 IP，这样 IP 的数量不但多，并且会十分稳定。就像掘金网的 IP 代理，移动端的无极，PC 端的挂机宝。可利用的 IP 数量多、质量好，可以省下不少时间，从而提高网络爬虫的效率。

2）调用 time.sleep()函数破解间隔时间限制

在某些网站里发送请求之后，由于中间速度问题，网站的反爬机制很容易就会发现。对于这种情况，可以在网络爬虫的过程中，对程序进行适当的延时，调用 time.sleep()函数。这样就会降低访问网页的速度，避免程序被迫停止运行，代码如下：

```
import time
print("Start : %s" % time.ctime())
time.sleep(5)
print("End : %s" % time.ctime())
```

3）设置随机访问时间间隔

很多网站的反网络爬虫机制都设置了访问间隔时间，假如一个 IP 在短时间内超过指定的次数，就会进入"冷却 CD"，所以除了轮流替换 IP 和 User_Agent 之外，也可以将访问的时间间隔设置得长一点，例如每抓取一个页面休眠一个随机时间，代码如下：

```
import time
random time.sleep(random.random()*3)
```

对于一个网络爬虫来说，这是一个比较负责任的做法。由于本来网络爬虫就可能会给对方网站构成访问的负载压力，所以这种防范既能够从一定程度上避免被封，又能够减少对方的访问压力。

3. 时间格式转换

经由 datetime.datetime.strptime(date_string,format)把原字符串进行时间格式匹配，并赋值给 time_format，而后 time_format 调用 strftime(format)函数，输出自己想要的格式，Python 中时间日期格式化符号如下：

（1）%y 两位数的年份体现（00-99）。
（2）%Y 四位数的年份体现（0000-9999）。
（3）%m 月份（01-12）；%d 月内中的一天（0-31）。
（4）%H24 小时制小时数（0-23）。
（5）%I12 小时制小时数（01-12）。
（6）%M 分钟数（00-59）。
（7）%S 秒（00-59）。

6.5.6 RabbitMQ 队伍去重

1. 什么是消息队列

消息（Message）是指在应用间传送的数据。消息能够十分简短易懂，如只包含文本字符串，也能够更复杂，可能包含嵌入对象。消息队列（Message Queue，MQ）是一种应用间的通信形式，消息发送后能够立刻返回，由消息系统来确保消息的可靠传递。消息发布者只需把消息发布到 MQ 中而不必管谁来取，消息使用者只需从 MQ 中取消息而不管是谁发布的。这样发布者和使用者都不必知道对方的存在。

2. RabbitMQ

RabbitMQ 是由 Erlang 语言开发的 AMQP（高级消息队列协议）的开源实现，为面向消息的中间件设计，基于此协议的客户端与消息中间件可传递消息。RabbitMQ 最初起源于金融系统，用于分布式系统中存储转发消息。

3. RabbitMQ 的工作模式

1）Simple 工作模式

这是一个最简易的生产者和消费者的队列，生产者把消息放入队列，消费者获得消息，这个模式只有一个消费者和一个生产者，当然一个队列就够，这种模式只需要配置虚拟主机参数便可，其余参数默认就能够通信，Simple 工作模式如图 6-15 所示。

图 6-15 Simple 工作模式

2）RPC 式

这种模式主要使用在远程调用的场景下。一个应用程序需要另外一个应用程序来最后返回运行结果，这个过程可能是相对耗时的操作，但使用这种模式是最合适的。RPC 式的逻辑如图 6-16 所示。

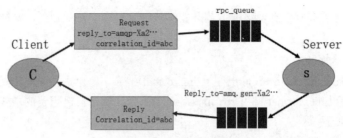

图 6-16　RPC 式逻辑图

3）交换机模式

实际上前两种模式也使用交换机，只是没有设置，使用默认的参数，交换机参数是能够配置的，假如消息配置的交换机参数和 MQserver 队列绑定的交换机名称相同，则转发，否则丢弃。交换机模式如图 6-17 所示。

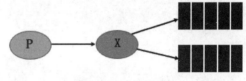

图 6-17　交换机模式

4）routing 转发模式

交换机要配置为 direct 类型，转发的规则变为检查队列的 routingkey 值，假如 routingkey 值相同则转发，否则丢弃。routing 转发模式如图 6-18 所示。

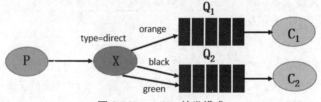

图 6-18　routing 转发模式

5）主题转发模式

这种模式下交换机要配置为 topic 类型，routingkey 配置失效。发送到一个话题交换机的信息，不能是任意 routing_key，它必定是一个单词的列表，用逗号分隔。这些词能够是任何东西，但通常它们指定连接到消息的某些特性。主题转发模式如图 6-19 所示。

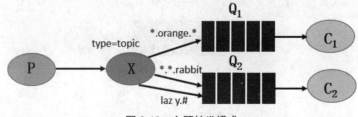

图 6-19　主题转发模式

6）工作队列模式

这种模式出现两个消费者，为保证消费者之间的负载均衡和同步，需要在消息队列之间加上同步功能，工作队列背后的主要思想是防止立即执行资源密集型任务，必须等待它实现。相反，计划稍后完成任务。把任务封装为消息并把其发送到队列中。后台运行的一个工作进程弹出任务并最终执行该任务。当运行多个工作进程时，任务就可以在它们之间分担。工作队列模式如图 6-20 所示。

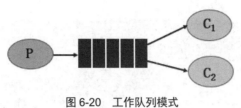

图 6-20　工作队列模式

6.5.7　在 Linux 系统下安装部署 PySpider

在 Windows 系统与 Linux 系统中安装的步骤几乎一致，需要注意的问题是 pip 的版本。

1）在终端中更新源

```
sudo apt-get update
```

终端更新源如图 6-21 所示。

图 6-21　终端更新源

2）更新 pip

假如 pip 没有随之更新，在后续所安装的 PySpider 库可能无法使用，执行代码如下，更新 pip 如图 6-22 所示。

```
python -m pip install -U pip
```

图 6-22　更新 pip

3）安装相应的依赖包

```
sudo apt-get install python-dev
sudo apt-get install python-distribute
sudo apt-get install libcurl4-openssl-dev
sudo apt-get install libxml2-dev
```

```
sudo apt-get install libxslt1-dev
sudo apt-get install python lxml
```

4）安装 pyspider 包

安装完相应的依赖包后，开始安装 PySpider 包，如图 6-23 所示。

```
pip install pyspider
```

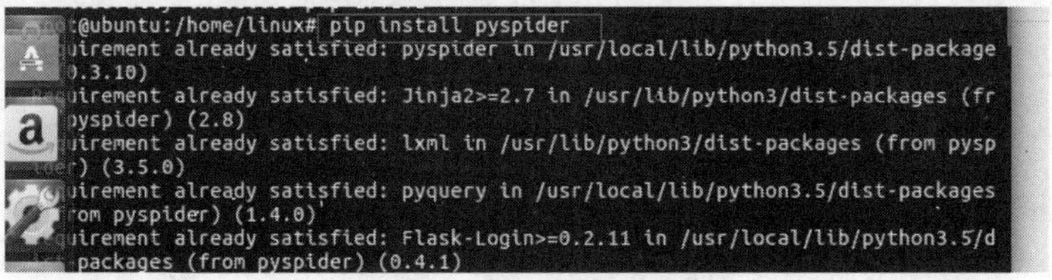

图 6-23　安装 PySpider

5）启动和测试

启动 PySpider 如图 6-24 所示。

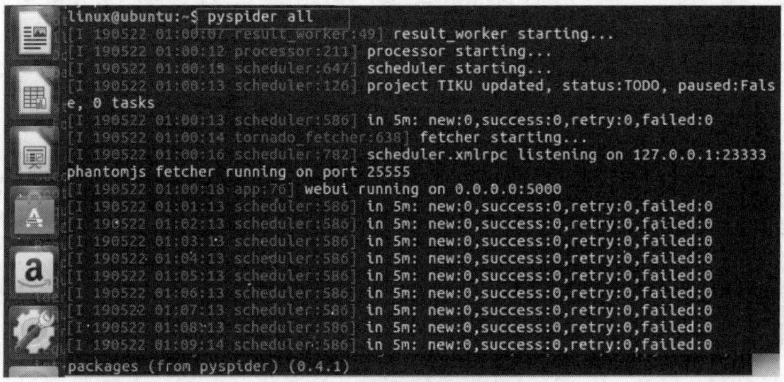

图 6-24　启动 PySpider

访问地址是 http://locahost:5000，访问查询结果如图 6-25 所示。

图 6-25　访问查询结果

6.5.8　实战案例：使用 PySpider 抓取题库

1. 案例背景

某公司想要使用 Ubuntu 系统中的 PySpider 抓取某题库网站，并使用 txt 文本进行存储。

2. 实现方案

可以使用网络爬虫技术用 PySpider 抓取题库，获得某题库网站的相应数据。首先确定目标网站，针对题库网站的题库进行抓取，先使用 import 导入所需要的包，确定无误后使用谷歌浏览器的开发者工具来查看相对应的源代码，为抓取具体的题库的内容，能够编辑正则表达式匹配相对应的规则；最后为方便查看，把抓取的内容保存在本地上使用 txt 文本进行存储，方便后续查看。

1）打开链接

打开链接 http://tiku.21cnjy.com/tiku.php?mod=quest&channel=2&xd=2，网页内容展示如图 6-26 所示。

图 6-26　网页内容展示

2）查看源文件

在打开的界面按住 F12 键，单击要抓取的题库信息，查看相关的源文件信息，相关网页元素展示如图 6-27 所示。

图 6-27　相关网页元素展示

3）编写网络爬虫代码

代码如下：

```python
from pyspider.libs.base_handler import *
class Handler(BaseHandler):
    crawl_config = {
    }
    @every(minutes=24 * 60)
    def on_start(self):
        self.crawl('__START_URL__', callback=self.index_page)
    @config(age=10 * 24 * 60 * 60)
    def index_page(self, response):
        for each in response.doc('a[href^="http"]').items():
            self.crawl(each.attr.href, callback=self.detail_page)
    @config(priority=2)
    def detail_page(self, response):
        return {
            "url": response.url,
            "title": response.doc('title').text(),
        }
```

4）导入相应的库

```python
import os,sys
import importlib
import logging
import logging.handlers
```

5）初始化方法

```python
#初始化方法，先有实例，才能初始化
def __init__(self):
#设置默认编码
    importlib.reload(sys)
#存储路径
    self.base_dir = "/Desktop/tiku"
```

6）起始页面

def on_start(self)方法是入口代码，当在 Web 控制台单击 run 按钮时会执行此方法。

self.crawl(url, callback=self.index_page)这个方法是调用 API 生成一个新的网络爬虫任务，这个任务被添加到待抓取队列，callback 为抓取页面后的回调函数，代码如下：

```python
#通知 scheduler 每天运行一次
@every(minutes=24 * 60)
def on_start(self):
    self.crawl('http://tiku.21cnjy.com/tiku.php?mod=quest&channel=2&xd=2',
            callback=self.index_page, validate_cert=False)
```

7）学科页码

self.crawl(url, callback=self.index_page)这个方法是调用 API 生成一个新的网络爬虫任务，这个任务被添加到待抓取队列，callback 为抓取页面后的回调函数，代码如下：

```python
@config(age=10 * 24 * 60 * 60)
def index_page(self, response):
#定义一个 range 方法，起始值为 1，结束值为 500
```

```python
        for i in range(1, 500):
            #把 str(i) 赋值给 i
            i = str(i)
            self.crawl(response.url + '&page=' + i, callback=self.detail_page, validate_cert=False)
        for each in response.doc('.shiti_top a').items():
            url = each.attr.href
            #找到 URL 地址中的"cid"让其大于 0
            if url.find('cid') > 0:
                #继续
                continue
            self.crawl(url, callback=self.index_page, validate_cert=False)
    @config(priority=2)
    def detail_page(self, response):
        if response.doc('.questions_col li').text() == "暂时还没有资料":
            return {
            }
        content = response.doc('.questions_col li').text()
        weizhi = self.base_dir + "/" + response.doc('p > .current').text().replace("全部", "").strip()
        print(weizhi)
        name = response.doc('strong').text()
        file = '/home/linux' + weizhi + "/" + name + ".txt"
        file_utf8 = str(file)
        name_file = open(file_utf8, "w")
        #写入链接
        name_file.write(content)
        return {
            "url": response.url,
            "content": content,
            "weizhi": weizhi,
            "name": name,
        }
```

8）查找对应内容

添加翻页代码，打开网页，查找相对应的内容，定位"下一页"标签如图 6-28 所示。

图 6-28 定位"下一页"标签

9）添加学科

用同样的步骤，在网页源代码中找出学科相关的参数来进行更改，定位"学科"标签如图 6-29 所示。

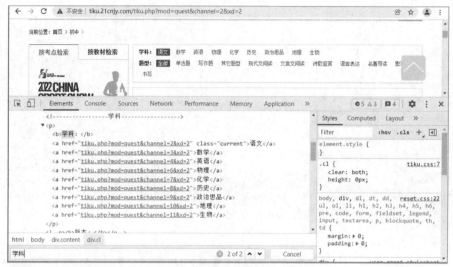

图 6-29　定位"学科"标签

10）整合代码

单击主控制台的 run→html，网页的源代码如图 6-30 所示。

图 6-30　网页的源代码

单击主控制台的 run→follows，网页链接如图 6-31 所示。

第 6 章 Python 网络爬虫框架 | 125

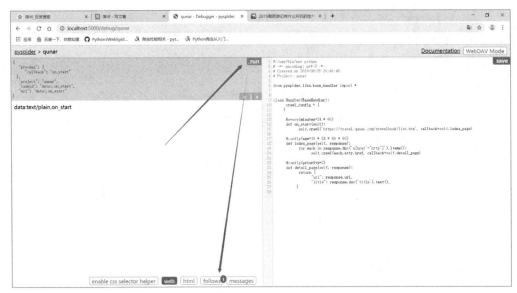

图 6-31 网页链接

11）获得元素 css 值

单击 web→enable css selector helper→单击网页中某一元素，能够获得该元素的 css 值，获取 css 值如图 6-32 所示。

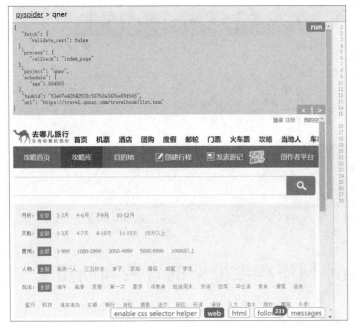

图 6-32 获取 css 值

12）更改速度

Debug 完毕后，返回 PySpider 主控制台，把该任务状态调至运行状态，单击 Run 开始执行任务，Run 所在位置如图 6-33 所示。

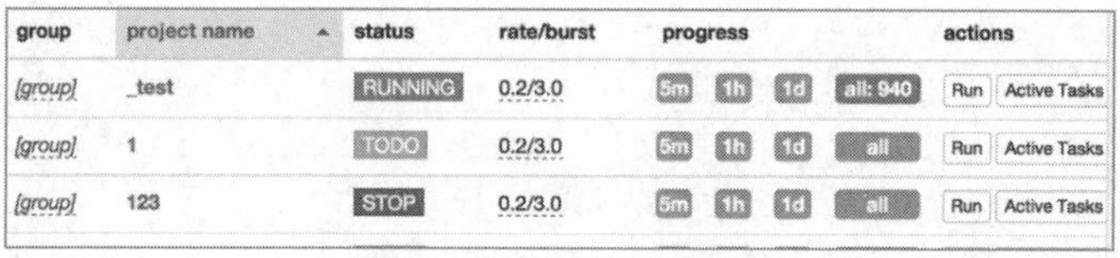

图 6-33　Run 所在位置

单击 Active Tasks 检查抓取进度，Active Tasks 所在位置如图 6-34 所示。

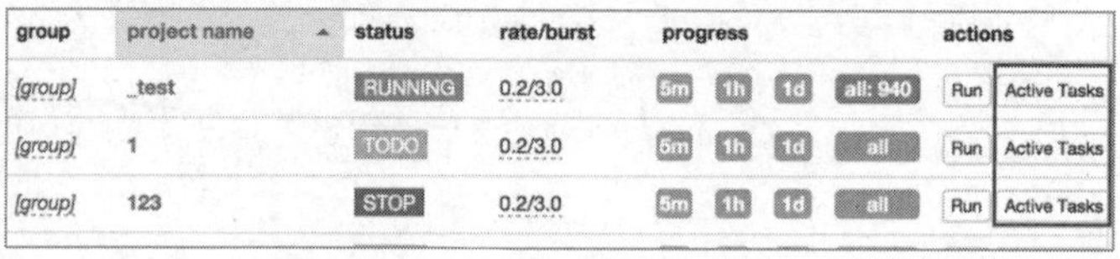

图 6-34　Active Tasks 所在位置

13）抓取的路径

单击 save→run，对代码进行保存操作，运行界面如图 6-35 所示。

图 6-35　运行界面

14）在本地查看抓取信息

抓取结果本地展示，到此使用 PySpider 框架抓取题库的实验就已完成。

6.6　Scrapy 网络爬虫框架的安装和使用

6.6.1　Scrapy 的简介与安装

1. Scrapy 简介

Scrapy 是用 Python 实现的一个为抓取网站数据、提取结构性数据而编辑的应用框架。Scrapy 常应用在包括数据挖掘、信息处理或存储历史数据等一系列的程序中。通常能够很容易地使用 Scrapy 框架完成一个网络爬虫，抓取指定网站的内容或图片。

2. Scrapy 安装

1）Linux 系统下的安装方式

事先已安装 Python 3.5.2 版本，首先需要安装 Scrapy 依赖项，否则 Scrapy 安装失败，执行命令如下：

```
sudo apt-get install build-essential libssl-dev
sudo apt-get install libffi-dev python3-dev
```

切换到系统用户 root 安装 Scrapy，安装命令如下：

```
pip install scrapy
```

要求升级 pip3 后重新执行安装 Scrapy 命令，针对 pip3 的升级命令如下：

```
pip3 install -upgrade pip
```

安装完成后，输入 scrapy version 查看版本信息，显示 Scrapy 版本如图 6-36 所示，表示安装成功。

图 6-36　查看 Scrapy 版本

2）Windows 系统下的安装方式

事先已安装 Python 3.7 版本，首先安装对应的依赖包 wheel、lxml、PyOpenssl，使用命令如下：

```
pip install wheel
pip install lxml
pip install PyOpenssl
```

安装 Microsoft Visual C++ Build Tools，若在安装的时候出现问题，可以先安装 Twisted，再安装 Scrapy，使用命令如下：

```
pip install Scrapy
```

6.6.2　Scrapy 的项目文件介绍

1. Linux 系统下终端创建 Scrapy 框架

在~/PycharmProjects/working/book/scrapyProject 目录下打开终端并输入如下命令：

```
scrapy startproject todayMovie
```

tree todayMovie：以树结构写入。

tree 命令以树结构显示文件目录结构，tree 命令默认情况下没有安装，要使用如下命令安装：

```
apt -get install tree
```

至此，Scrapy 项目 todayMovie 基本上完成，依照提示信息，能够经由 Scrapy 框架的 Spider 模板顺利建立一个基础的网络爬虫。

```
cd todayMovie
scrapy genspider wuHanMovieSpider jycinema.com
```

该命令的意思是使用 scrapy genspider 命令创建一个名字为 wuHanMovieSpider 的网络爬虫脚本，这个脚本的搜索域为 jycinema.com，todayMovie 项目目录结构如图 6-37 所示。

2. Windows 系统下创建项目

在开始抓取之前，必须创建一个新的 Scrapy 项目，来到打算存储代码的目录中，运行下面的命令：

```
scrapy startproect weibo
```

该命令会创建包含图 6-38 所示内容的 weibo 目录。

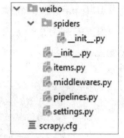

图 6-37　todayMovie 项目目录结构　　　　图 6-38　weibo 项目的目录

6.6.3　Scrapy 的使用

使用 Scrapy 框架制作网络爬虫一般需要以下四个步骤：
（1）创建一个项目（scrapy startproject projectname）。
（2）明确抓取的目标（编写 items.py）。
（3）完成网络爬虫逻辑（spiders/xxspider.py）。
（4）通过管道存储采集的数据（pipelines.py）。

1. 新建一个 Scrapy 项目

在终端使用如下命令：

```
scrapy startproject mySpider
```

2. 明确目标

打算抓取 http://www.itcast.cn/channel/teacher.shtml 网站里的全部讲师的姓名、职称和个人信息。首先创建项目 scarpy startproject itcast，打开 mySpider 目录下的 items.py。Item 定义结构化数据字段，用来保存抓取到的数据，有点像 Python 中的 dict，但是 Item 提供一些额外的保护以减少错误。创建一个 scrapy.Item 类，并且定义类型为 scrapy.Field 的类属性来定义一个 Item。接下来创建一个 ItcastItem 类并构建 Item 模型，代码如下：

```
import scrapy
class ItcastItem(scrapy.Item):
    name = scrapy.Field()
    title = scrapy.Field()
    info = scrapy.Field()
```

3. 制作网络爬虫

在当前目录下输入命令，在 itcast/spiders 目录下创建一个名为 itcast 的 Python 代码，并指定抓取域的范围，代码如下：

```
scrapy genspider itcast "itcast.cn"
```

打开 mySpider/spider 目录里的 itcast.py，默认增加下列代码：

```
import scrapy
class ItcastSpider(scrapy.Spider):
    name = "itcast"
    allowed_domains = ["itcast.cn"]
    start_urls = (
        'http://www.itcast.cn/',
    )
    def parse(self, response):
        pass
```

4. 注意事项

Python 2.x 默认编码环境是 ASCII，当和取回的数据编码格式不一致时，可能会造成乱码，这时需要指定保存内容的编码格式，下面三行代码是 Python 2.x 里解决中文编码的万能钥匙，Python 3 默认编码是 Unicode。

```
import sys
reload(sys)
sys.setdefaultencoding("utf-8")
```

6.6.4　Scrapy 中使用 XPath

（1）以虎嗅网为例，返回的数据是 JSON 格式，JSON 数据格式如图 6-39 所示。

图 6-39　JSON 数据格式

（2）把 JSON 串转换成字典格式再进行操作。

```
str=json.loads(response.body)['data']
```

获取响应体数据，然后进行序列化成为字典。字典中的 data 值是一个字符串。

（3）导入选择器。

```
from scrapy.selector import Selector
```

（4）使用 Selector 的 xpath 方法获得内容。

```
result = Selector().xpath().extract()
```

（5）使用效果。在 parse 中来示范，代码如下：

```
def parse(self, response):
    str=json.loads(response.body)['data']
    result = Selector(text=str).xpath('//div[@class="mod-b mod-art"]/div[3]/h2/a/text()').extract()
    print('result===',result)
```

6.6.5　Scrapy 与 MongoDB

（1）Scrapy 是一个十分强大的框架，能够用它在网络上抓取各种数据，抓取到的数据能够持久化保存在本地文件、CSV 文件、JSON 文件、MySQL 数据库、MongoDB 数据库等。

存入 CSV 文件或 JSON 文件中的操作比较简短易懂，只需在启动项目的时候在命令行中输入如下代码：

```
scrapy runspider quotes_spider.py -o quotes.json
```

（2）在 Scrapy 项目的 settings.py 中配置 MongoDB 连接信息，代码如下：

```
Mongoip='192.168.53.131'      #MongoDB 节点 IP 地址
MongoPort=27017               #端口号
MongoDBname='datago306'       #数据库名称
MongoItem='jobItem'           #字段名称
```

（3）在 pipeline.py 中把 item 写入 MongoDB，连接 MongoDB 会用到 pymongo，安装代码如下：

```
pip install pymongo
```

编辑一个把 item 写入 mongo 的中间件，代码如下：

```
#使用 MongoClient 连接 mongo
from pymongo import MongoClient
#从 settings.py 导入第一步配置的连接信息，XXX 为 scrapy 工程名字
from XXX.settings import Mongoip,MongoDBname,MongoPort,MongoItem
class CrawldataToMongoPipline(object):
    def __init__(self):
        host=Mongoip
        port=MongoPort
        dbName=MongoDBname
        client=MongoClient(host=host,port=port)
        db=client[dbName]
        self.post = db[MongoItem]
    def process_item(self, item, spider):
        job_info = dict(item)
        self.post.insert(job_info)
        return item
```

（4）在 settings.py 中启用写好的 CrawldataToMongoPipline 中间件，代码如下：

```
ITEM_PIPELINES = {
  'crawlData.pipelines.CrawldataPipeline': 300,
  'crawlData.pipelines.CrawldataToMongoPipline': 300,
}
```

6.6.6　Scrapy_Redis 的安装与使用

1. Windows 系统下安装 Redis

下载地址为 https://github.com/MSOpenTech/redis/releases。Redis 支持 32 位和 64 位。这个需要根据系统平台的实际情况选择，这里下载 Redis-x64-xxx.zip 压缩包至 C 盘，解压后，把文件夹重新命名为 redis。

打开文件夹，redis 文件夹内容如图 6-40 所示。

Name	Date modified	Type	Size
EventLog.dll	01/07/2016 16:27	Application extens...	1 KB
Redis on Windows Release Notes.docx	01/07/2016 16:07	Microsoft Word ...	13 KB
Redis on Windows.docx	01/07/2016 16:07	Microsoft Word ...	17 KB
redis.windows.conf	01/07/2016 16:07	CONF File	48 KB
redis.windows-service.conf	01/07/2016 16:07	CONF File	48 KB
redis-benchmark.exe	01/07/2016 16:28	Application	400 KB
redis-benchmark.pdb	01/07/2016 16:28	Intermediate file	4,268 KB
redis-check-aof.exe	01/07/2016 16:28	Application	251 KB
redis-check-aof.pdb	01/07/2016 16:28	Intermediate file	3,436 KB
redis-cli.exe	01/07/2016 16:28	Application	488 KB
redis-cli.pdb	01/07/2016 16:28	Intermediate file	4,420 KB
redis-server.exe	01/07/2016 16:28	Application	1,628 KB
redis-server.pdb	01/07/2016 16:28	Intermediate file	6,916 KB
Windows Service Documentation.docx	01/07/2016 09:17	Microsoft Word ...	14 KB

图 6-40　redis 文件夹内容

打开一个 CMD 窗口，利用 cd 命令切换目录到 C:\redis 运行：

```
redis-server.exe redis.windows.conf
```

若能够把 redis 的路径加到系统的环境变量里，就免得再输入路径，后面的那个 redis.windows.conf 能够省略，省略后会启用默认的路径。

这个时候另启一个 CMD 窗口，之前的不要关闭，否则就无法访问服务器端。

切换到 redis 目录下运行：redis.cli.exe -h 127.0.0.1 -p 6379。

设置键值对：set mykey abc。

取出键值对：get mykey。

2. Scrapy_Redis 的使用

```
#重启 Redis:
systemctl restart redis
#关闭防火墙:
systemctl stop firewalld.service
```

开始创建 scrapy-redis 的相关，和普通的 Scrapy 一样创建，只不过要修改 setting.py 文件，增加一行命令如下：

```
REDIS_URL = 'redis://192.168.61.130:6379'
```

修改 spider.py 文件，代码如下：

```
#-*-coding:utf-8-*-
from scrapy_redis.spiders import RedisSpider
class ExampleSpider(RedisSpider):
    name = 'myspider'
    redis_key = 'test_key'
    allowed_domain = ['www.example.com']
    def parse(self, response):
        print(1111)
        pass
```

执行网络爬虫和执行 Redis 程序的代码如下：

```
scrapy runspider example.py
#进入 Redis:
redis-cli -h 127.0.0.1 -p
```

```
rpush test_key http://test.com
```

6.6.7 使用 Redis 缓存网页并自动去重

首先，缓存网页的目的并不是提高性能，而是减少数据库的访问压力，有效延缓数据库 I/O 瓶颈的到来。实现主页缓存的方法有很多，然而鉴于项目中使用 Redis 对数据库读写做缓存，因而主页也缓存。

实现思路：

编辑一个过滤器，在过滤器中拦截对主页的访问请求。此时向 Redis 服务器查询主页 HTML 的缓存，假如有则直接返回给客户端，假如没有，则在过滤器中截获 JSP 的渲染结果，放到 Redis 缓存中，以供下次使用，设定缓存过期时间为 10min。实现时需要注意的地方有以下两点：

（1）在 Servlet Filter 中使用 Spring 容器。
（2）可继承 HttpServletResponseWrapper 类来巧妙完成。

依照这个逻辑，客户端会对浏览器发起获取请求，CacheFilter 会首先向 Redis 发起请求取得主页的 HTML 代码，假如成功，则直接返回给客户端；假如失败，则由刚刚写好的 ResponseWrapper 截获主页 JSP 的渲染结果，放入 Redis，并设置过期时间为 10min。

6.6.8 实战案例：抓取豆瓣 Top250

1. 案例背景

某用户想要抓取豆瓣网站 Top250 排行榜所有电影的信息，将所有信息存入 MySQL 数据库，同时保存 JSON 数据用于给自己搭建的网页提供数据展示排行榜。

1）新建 Scrapy 项目

```
scrapy startproject DoubanTop250
```

创建 DoubanTop250 的 scrapy 项目如图 6-41 所示。

图 6-41 创建 DoubanTop250 的 Scrapy 项目

2）明确抓取目标

要抓取电影 id、电影名称、电影介绍、电影评分、电影评价人数、电影描述六个字段，Top250 排行榜页面如图 6-42 所示。

编写 items.py 代码，items.py 里面已经写好一个类 Doubantop250Item，里面继承 scrapy.Item 这个基类，只需要在里面定义要抓取的字段，代码如下：

```
import scrapy
class Doubantop250Item(scrapy.Item):
    movie_id = scrapy.Field()
    movie_name = scrapy.Field()
    movie_introduce = scrapy.Field()
```

```
movie_star = scrapy.Field()
movie_evaluate = scrapy.Field()
movie_describe = scrapy.Field()
```

图 6-42 Top250 排行榜页面

3）编写网络爬虫代码

创建网络爬虫，在项目中创建一个网络爬虫代码，命令如下：

```
scrapy genspider t_spider "movie.douban.com/top250"
scrapy genspider 网络爬虫名称 "爬取域"
```

命令需要进入指定路径：scrapy_projec/DoubanTop250/spider。创建 t_spider 网络爬虫和确定网络爬虫域名如图 6-43 所示。

```
D:\Project\py_project\上班测试代码\代码\scrapy_project\DoubanTop250\DoubanTop250\spiders>scrapy genspider t_spider "movie.douban
.com/top250"
Created spider 't_spider' using template 'basic' in module:
  DoubanTop250.spiders.t_spider

D:\Project\py_project\上班测试代码\代码\scrapy_project\DoubanTop250\DoubanTop250\spiders>
```

图 6-43 创建 t_spider 网络爬虫和确定网络爬虫域名

t_spider 文件里面会有这样的基本模板的网络爬虫，代码如下：

```python
import scrapy
class TSpiderSpider(scrapy.Spider):
    name = 't_spider'
    allowed_domains = ['movie.douban.com/top250']
    start_urls = ['http://movie.douban.com/top250/']
    def parse(self, response):
        pass
```

编写解析数据的代码如下，有 25 个 li 标签，如图 6-44 所示。

```python
import scrapy
from DoubanTop250.items import Doubantop250Item
class TSpiderSpider(scrapy.Spider):
name = 't_spider'
    allowed_domains = ['movie.douban.com/top250']
    start_urls = ['http://movie.douban.com/top250/']
    def parse(self, response):
```

```
            items = []
            movie_list = response.xpath('//ol[@class="grid_view"]/li')
            for info in movie_list:
                douban_item = Doubantop250Item()
                douban_item['movie_id'] = info.xpath(".//div[@class='item']//em/text()").extract_first("")
                douban_item['movie_name'] = info.xpath('.//div[@class="hd"]/a/span[1]/text()').extract()[0]
                counts = info.xpath(".//div[@class='bd']/p[1]/text()").extract()
                for count_ in counts:
                    count_s = "".join(count_.split())
                    douban_item['movie_introduce'] = count_s
                #print(counts)
                douban_item['movie_star'] = info.xpath(".//div[@class='star']/span[2]/text()").extract_first("")
                douban_item['movie_evaluate'] = info.xpath(".//div[@class='star']/span[4]/text()").extract_first("")
                douban_item['movie_describe'] = info.xpath(".//div[@class='bd']/p/span[1]/text()").extract_first("")
                items.append(douban_item)
        #将字典传给管道
        yield douban_item
```

注意事项：

（1）Scrapy 的 XPath 语法和普通的 XPath 语法是一致的，只需按照正常的 XPath 语法去匹配即可。

（2）用 for 循环便利 XPath 匹配到的 li 标签，for 循环里面的 XPath 语法如果用到//，前面就一定要加.表示匹配当前节点，否则会匹配到整个网页的元素，造成错误匹配。

（3）extract()方法返回的是 Unicode 字符串，而 extract_first 取的是匹配出列表的第一个元素。

图 6-44　有 25 个 li 标签

4）数据的存储

（1）保存成 CSV 文件。

```
from scrapy.exporters import CsvItemExporter
class CsvDoubanPipeline(object):
    def __init__(self):
        #创建接收文件，初始化属性
        self.file = open("movie.csv",'ab')
        self.exporter = CsvItemExporter(self.file,fields_to_export=['moive_id',
'movie_name',"movie_introduce",'movie_star',"movie_evaluate","movie_describe"])
        #开始执行
        self.exporter.start_exporting()
        def process_item(self,item,spider):
#将数据添加进 CSV 文件
        self.exporter.export_item(item)
        return item
def spider_close(self,spider):
#结束 exporter
        self.exporter.finish_exporting()
#关闭文件对象
        self.file.close()
```

自定义一个 CsvDoubanPipeline 类，其中 spider_close()方法在抓取结束后会调用，所以把 exporter 对象关闭和文件对象关闭放在这个方法函数内。CSV 文件保存数据如图 6-45 所示。

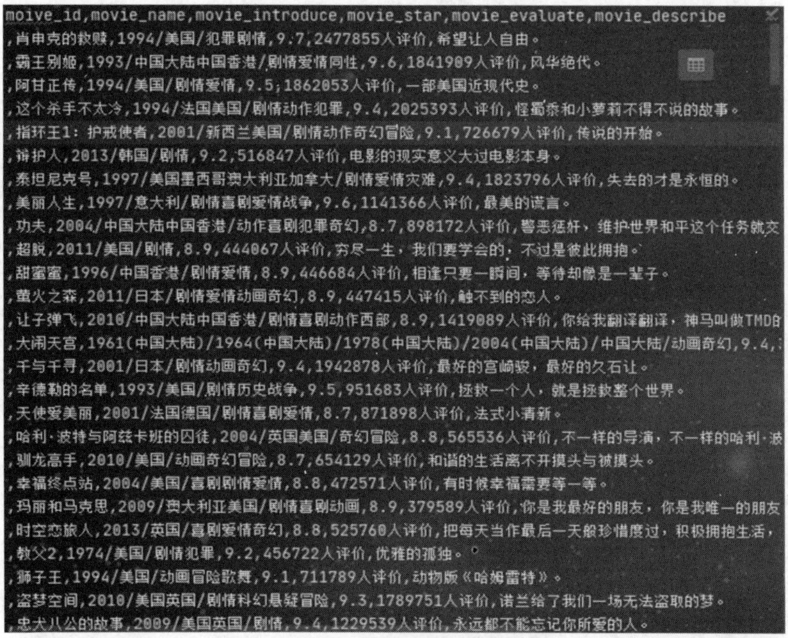

```
moive_id,movie_name,movie_introduce,movie_star,movie_evaluate,movie_describe
,肖申克的救赎,1994/美国/犯罪剧情,9.7,2477855人评价,希望让人自由。
,霸王别姬,1993/中国大陆中国香港/剧情爱情同性,9.6,1841909人评价,风华绝代。
,阿甘正传,1994/美国/剧情爱情,9.5,1862053人评价,一部美国近现代史。
,这个杀手不太冷,1994/法国美国/剧情动作犯罪,9.4,2025393人评价,怪蜀黍和小萝莉不得不说的故事。
,指环王1: 护戒使者,2001/新西兰美国/剧情动作奇幻冒险,9.1,726679人评价,传说的开始。
,辩护人,2013/韩国/剧情,9.2,516847人评价,电影的现实意义大过电影本身。
,泰坦尼克号,1997/美国墨西哥澳大利亚加拿大/剧情爱情灾难,9.4,1823796人评价,失去的才是永恒的。
,美丽人生,1997/意大利/剧情喜剧爱情战争,9.6,1141366人评价,最美的谎言。
,功夫,2004/中国大陆中国香港/动作喜剧犯罪奇幻,8.7,898172人评价,警恶惩奸，维护世界和平这个任务就交
,超脱,2011/美国/剧情,8.9,444067人评价,穷尽一生，我们要学会的，不过是彼此拥抱。
,甜蜜蜜,1996/中国香港/剧情爱情,8.9,446684人评价,相逢只要一瞬间，等待却像是一辈子。
,萤火之森,2011/日本/剧情爱情动画奇幻,8.9,447415人评价,触不到的恋人。
,让子弹飞,2010/中国大陆中国香港/剧情喜剧动作西部,8.9,1419089人评价,你给我翻译翻译，神马叫做TMD
,大闹天宫,1961(中国大陆)/1964(中国大陆)/1978(中国大陆)/2004(中国大陆)/中国大陆/动画奇幻,9.4,
,千与千寻,2001/日本/剧情动画奇幻,9.4,1942878人评价,最好的宫崎骏，最好的久石让。
,辛德勒的名单,1993/美国/剧情历史战争,9.5,951683人评价,拯救一个人，就是拯救整个世界。
,天使爱美丽,2001/法国德国/剧情喜剧爱情,8.7,871898人评价,法式小清新。
,哈利·波特与阿兹卡班的囚徒,2004/英国美国/奇幻冒险,8.8,565536人评价,不一样的导演，不一样的哈利·波
,驯龙高手,2010/美国/动画奇幻冒险,8.7,654129人评价,和谐的生活离不开摸头与被摸头。
,幸福终点站,2004/美国/喜剧剧情爱情,8.8,472571人评价,有时候幸福需要等一等。
,玛丽和马克思,2009/澳大利亚美国/剧情喜剧动画,8.9,379589人评价,你是我最好的朋友，你是我唯一的朋友
,时空恋旅人,2013/英国/喜剧爱情奇幻,8.8,525760人评价,把每天当作最后一天般珍惜度过，积极拥抱生活，
,教父2,1974/美国/剧情犯罪,9.2,456722人评价,优雅的孤独。
,狮子王,1994/美国/动画冒险歌舞,9.1,711789人评价,动物版《哈姆雷特》。
,盗梦空间,2010/美国英国/剧情科幻悬疑冒险,9.3,1789751人评价,诺兰给了我们一场无法盗取的梦。
,忠犬八公的故事,2009/美国英国/剧情,9.4,1229539人评价,永远都不能忘记你所爱的人。
```

图 6-45 CSV 文件保存数据

（2）永久性存储数据。

将 spider 里面的数据直接返回，而不经过管道，代码如下，保存的 JSON 数据如图 6-46 所示。

```
#输出 JSON 格式的数据
```

```
scrapy crawl t_spider -o movie_info.json
#输出 CSV 格式（默认使用 CSV 格式，进行分隔，使用 Excel 打开）
scrapy crawl t_spider -o movie_info.csv
#输出 XML 格式
scrapy crawl t_spider -o movie_info.xml
```

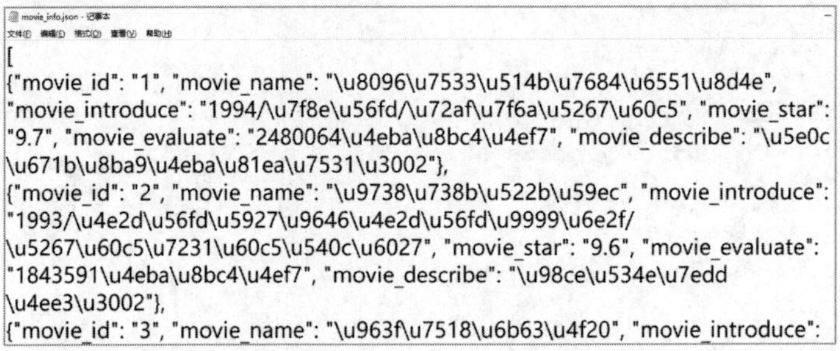
[
{"movie_id": "1", "movie_name": "\u8096\u7533\u514b\u7684\u6551\u8d4e", "movie_introduce": "1994/\u7f8e\u56fd/\u72af\u7f6a\u5267\u60c5", "movie_star": "9.7", "movie_evaluate": "2480064\u4eba\u8bc4\u4ef7", "movie_describe": "\u5e0c\u671b\u8ba9\u4eba\u81ea\u7531\u3002"},
{"movie_id": "2", "movie_name": "\u9738\u738b\u522b\u59ec", "movie_introduce": "1993/\u4e2d\u56fd\u5927\u9646\u4e2d\u56fd\u9999\u6e2f/\u5267\u60c5\u7231\u60c5\u540c\u6027", "movie_star": "9.6", "movie_evaluate": "1843591\u4eba\u8bc4\u4ef7", "movie_describe": "\u98ce\u534e\u7edd\u4ee3\u3002"},
{"movie_id": "3", "movie_name": "\u963f\u7518\u6b63\u4f20", "movie_introduce":

图 6-46 保存的 JSON 数据

（3）将数据存储进 MySQL 数据库。

首先要创建一个数据库和创建一张用来保存数据的数据表，代码如下，创建存储信息的数据表如图 6-47 所示。

```
#创建 douban 数据库
create database douban;
#进入数据库
use douban;
```

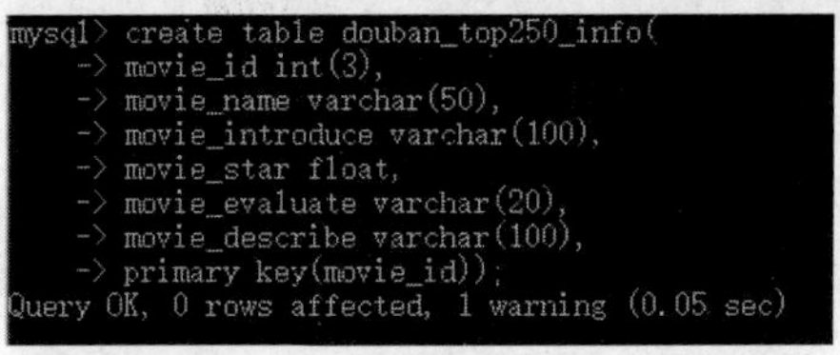
mysql> create table douban_top250_info(
    -> movie_id int(3),
    -> movie_name varchar(50),
    -> movie_introduce varchar(100),
    -> movie_star float,
    -> movie_evaluate varchar(20),
    -> movie_describe varchar(100),
    -> primary key(movie_id));
Query OK, 0 rows affected, 1 warning (0.05 sec)

图 6-47 创建存储信息的数据表

自定义 MySQLDoubanPipeline 管道用来将信息存储进 MySQL 数据表中，代码如下：

```
    import PyMySQL
    class MySQLDoubanPipeline(object):
   def __init__(self):
           self.conn = PyMySQL.connect(host='localhost',user='root',password="123456",
database='douban', charset="utf8")  #有中文要存入数据库要加 charset='utf8'
           self.cursor = self.conn.cursor()
    def process_item(self, item, spider):
           insert_sql = """
           insert into douban_top250_info(movie_id,movie_name,movie_introduce,movie_star,
movie_evaluate,movie_describe) VALUES(%s,%s,%s,%s,%s,%s)
           """
           #执行插入数据到数据库操作
           self.cursor.execute(insert_sql, (item['movie_id'], item['movie_name'], item
['movie_introduce'], item['movie_star'], item['movie_evaluate'], item['movie_describe']))
           self.conn.commit()
       def close_spider(self, spider):
           self.cursor.close()
```

```
        self.conn.close()
```

5）配置设置信息

```
#将 robots 协议设置为 False 表示允许不遵守 robots 协议
ROBOTSTXT_OBEY=False
#设置自己的请求头
USER_AGENT = 'Mozilla/5.0 (Windows NT 10.0; Win64; x64) AppleWebKit/537.36 (KHTML, like Gecko) Chrome/95.0.4638.69 Safari/537.36'
#将管道的代码注释取消
ITEM_PIPELINES = {
    'DoubanTop250.pipelines.Doubantop250Pipeline': 300,
    'DoubanTop250.pipelines.MySQLDoubanPipeline':100,
}
```

6）运行网络爬虫脚本

运行如下代码，查看数据表的数据如图 6-48 所示。

```
scrapy crawl t_spider
select * from douban_top250_info;
```

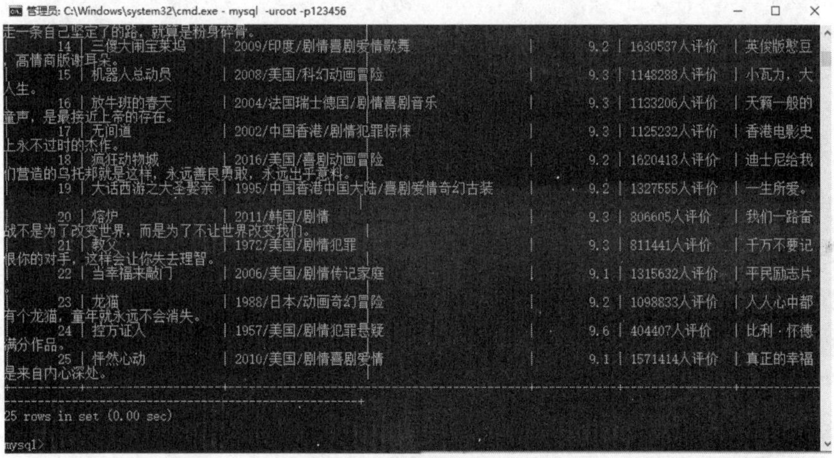

图 6-48　查看数据表的数据

7）改进的抓取规则

现在只抓取到一页的数据，而目标是把 Top250 全部抓取下来并保存，这时候应该对抓取规则进行一点变动，同时添加一个 User-Agent 池，每次发送请求的时候随机使用请求头。

发现规律，每次翻页 start 的值就会增加 25，由此对网络爬虫代码修改如下：

```
import scrapy
class TSpiderSpider(scrapy.Spider):
    name = 't_spider'
    allowed_domains = ['movie.douban.com/top250']
    start_urls = ['http://movie.douban.com/top250/?start={}&filter='.format(page*25) for page in range(10)]
```

将 start_urls 赋值一个列表推导式，里面放着对应要抓取的 10 页链接，来实现翻页抓取。最后设置 User-Agent 池，打开中间件（middlewares.py）进行自定义，中间件代码如下所示，全部信息抓取到 MySQL 数据库如图 6-49 所示。

```python
import random
class my_useragent(object):
    def process_request(self,request,spider):
        User_Agent = [
            'Mozilla/5.0 (Windows; U; MSIE 9.0; Windows NT 9.0; en-US)',
            "Mozilla/4.0 (compatible; MSIE 6.0; Windows NT 5.1; SV1; AcooBrowser; .NET CLR 1.1.4322; .NET CLR 2.0.50727)",
            "Mozilla/4.0 (compatible; MSIE 7.0; Windows NT 6.0; Acoo Browser; SLCC1; .NET CLR 2.0.50727; Media Center PC 5.0; .NET CLR 3.0.04506)",
            "Mozilla/4.0 (compatible; MSIE 7.0; AOL 9.5; AOLBuild 4337.35; Windows NT 5.1; .NET CLR 1.1.4322; .NET CLR 2.0.50727)",
            "Mozilla/5.0 (Windows; U; MSIE 9.0; Windows NT 9.0; en-US)",
            "Mozilla/5.0 (compatible; MSIE 9.0; Windows NT 6.1; Win64; x64; Trident/5.0; .NET CLR 3.5.30729; .NET CLR 3.0.30729; .NET CLR 2.0.50727; Media Center PC 6.0)",
            "Mozilla/5.0 (compatible; MSIE 8.0; Windows NT 6.0; Trident/4.0; WOW64; Trident/4.0; SLCC2; .NET CLR 2.0.50727; .NET CLR 3.5.30729; .NET CLR 3.0.30729; .NET CLR 1.0.3705; .NET CLR 1.1.4322)",
            "Mozilla/4.0 (compatible; MSIE 7.0b; Windows NT 5.2; .NET CLR 1.1.4322; .NET CLR 2.0.50727; InfoPath.2; .NET CLR 3.0.04506.30)",
            "Mozilla/5.0 (Windows; U; Windows NT 5.1; zh-CN) AppleWebKit/523.15 (KHTML, like Gecko, Safari/419.3) Arora/0.3 (Change: 287 c9dfb30)",
            "Mozilla/5.0 (X11; U; Linux; en-US) AppleWebKit/527+ (KHTML, like Gecko, Safari/419.3) Arora/0.6",
            "Mozilla/5.0 (Windows; U; Windows NT 5.1; en-US; rv:1.8.1.2pre) Gecko/20070215 K-Ninja/2.1.1",
            "Mozilla/5.0 (Windows; U; Windows NT 5.1; zh-CN; rv:1.9) Gecko/20080705 Firefox/3.0 Kapiko/3.0",
            "Mozilla/5.0 (X11; Linux i686; U;) Gecko/20070322 Kazehakase/0.4.5",
            "Mozilla/5.0 (X11; U; Linux i686; en-US; rv:1.9.0.8) Gecko Fedora/1.9.0.8-1.fc10 Kazehakase/0.5.6",
            "Mozilla/5.0 (Windows NT 6.1; WOW64) AppleWebKit/535.11 (KHTML, like Gecko) Chrome/17.0.963.56 Safari/535.11",
            "Mozilla/5.0 (Macintosh; Intel Mac OS X 10_7_3) AppleWebKit/535.20 (KHTML, like Gecko) Chrome/19.0.1036.7 Safari/535.20",
        ]
        agent = random.choice(User_Agent)
        if agent:
            request.headers.setdeauflt('User-Agent',agent)
```

自定义完中间件，需要在设置里面打开，代码如下：

```
DOWNLOADER_MIDDLEWARES = {
   'DoubanTop250.middlewares.Doubantop250DownloaderMiddleware': 543,
    #将自定义中间件打开
   'douban.middlewares.my_useragent': 500,
}
```

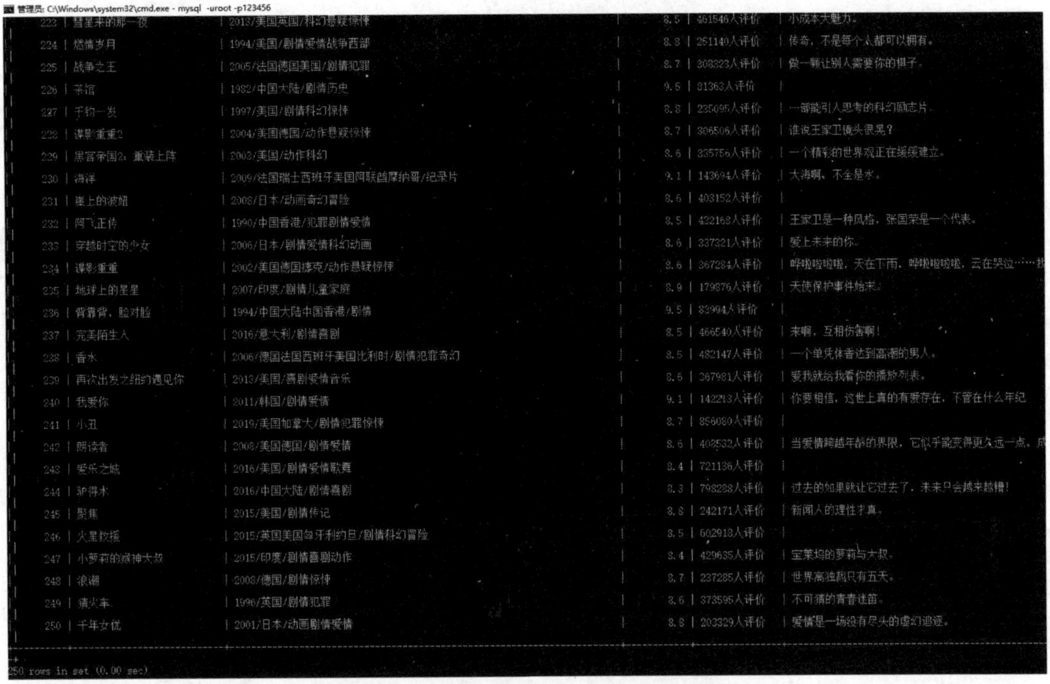

图 6-49　全部信息抓取到 MySQL 数据库

8）查看数据库存储情况

Scrapy 常用命令总结如下：

创建项目：scrapy startproject 项目名称。

创建网络爬虫：scrapy genspider 网络爬虫名称 "xxx.com"。

启动网络爬虫：scrapy crawl 网络爬虫名称。

保存数据：scrapy crawl 网络爬虫名称 -o 保存数据的文件名。

6.7　Scrapy 网络爬虫管理与部署

6.7.1　Scrapyd 管理网络爬虫

1）安装 Scrapyd

```
sudo pip install scrapyd
sudo pip install scrapyd-client
```

2）验证 Scrapyd

```
#命令行输入:
scrapyd
```

输出如下代码，表示打开成功：

```
bdccl@bdccl-virtual-machine:~$ scrapyd
Removing stale pidfile /home/bdccl/twistd.pid
2020-12-15T19:01:09+0800 [-] Removing stale pidfile /home/bdccl/twistd.pid
2020-12-15T19:01:09+0800 [-] Loading /usr/local/lib/python2.7/dist-packages/scrapyd/
```

```
txapp.py...
    2020-12-15T19:01:10+0800 [-] Scrapyd web console available at http://127.0.0.1:6800/
    2020-12-15T19:01:10+0800 [-] Loaded.
    2020-12-15T19:01:10+0800 [twisted.scripts._twistd_unix.UnixAppLogger#info] twistd
17.9.0 (/usr/bin/python 2.7.12) starting up.
    2020-12-15T19:01:10+0800 [twisted.scripts._twistd_unix.UnixAppLogger#info] reactor
class: twisted.internet.epollreactor.EPollReactor.
    2020-12-15T19:01:10+0800 [-] Site starting on 6800
    2020-12-15T19:01:10+0800 [twisted.web.server.Site#info] Starting factory <twisted.
web.server.Site instance at 0x7f9589b0fa28>
    2020-12-15T19:01:10+0800 [Launcher] Scrapyd 1.2.0 started: max_proc=4, runner=u
'scrapyd.runner'
```

3）发布网络爬虫

首先切换到网络爬虫项目根目录下，修改 scrapy.cfg，把下面这一行的注释去掉，代码如下：

```
url = http://localhost:6800
```

而后在终端中执行如下命令：

```
scrapyd-deploy <*target> -p PROJECT_NAME
```

在浏览器中打开 http://localhost:6800 或 http://127.0.0.1:6800，便可在浏览器中查看网络爬虫任务执行状态以及对应网络爬虫的 job_id。

查看状态：

```
scrapyd-deploy -l
```

启动网络爬虫：

```
curl http://localhost:6800/schedule.json -d project=PROJECT_NAME -d spider=SPIDER_NAME
```

停止网络爬虫：

```
curl http://localhost:6800/cancel.json -d project=PROJECT_NAME -d job=JOB_ID
```

删除项目：

```
curl http://localhost:6800/delproject.json -d project=PROJECT_NAME
```

列出部署过的项目：

```
curl http://localhost:6800/listprojects.json
```

列出某个项目内的网络爬虫：

```
curl http://localhost:6800/listspiders.json?project=PROJECT_NAME
```

列出某个项目的任务：

```
curl http://localhost:6800/listjobs.json?project=PROJECT_NAME
```

6.7.2　使用 SpiderKeeper 进行任务监控与定时抓取

SpiderKeeper 是一款开源的 Spider 管理工具，能够方便地进行网络爬虫的启动、暂停、定时，同时能够查看分布式情况下全部网络爬虫日志，查看网络爬虫执行情况等。

1. 安装

```
pip3 install scrapy
pip3 install scrapyd
pip3 install scrapyd-client
pip3 install scrapy-redis
```

```
pip3 install SpiderKeeper
```

2. 部署网络爬虫

进入写好的 Scrapy 项目路径中，启动 Scrapyd，代码如下：

```
scrapyd
```

启动之后，能够打开本地运行的 Scrapyd，浏览器中访问本地 6800 端口能够查看 Scrapyd 的监控界面，查看监控界面如图 6-50 所示。

图 6-50　查看监控界面

3. 启动 SpiderKeeper

```
启动命令：spiderkeerper
```

启动 SpiderKeeper 如图 6-51 所示。

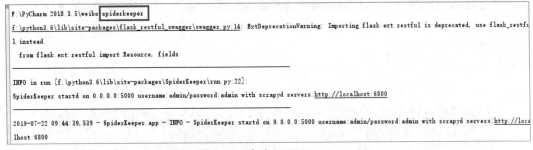

图 6-51　启动 SpiderKeeper

访问 http://localhost:5000 地址能够看到 SpiderKeerper 项目创建界面，如图 6-52 所示。

4. 打包项目部署到 Scrapyd 上

编辑需要部署项目的 scrapy.cfg 文件，scrapy.cfg 配置文件如图 6-53 所示。

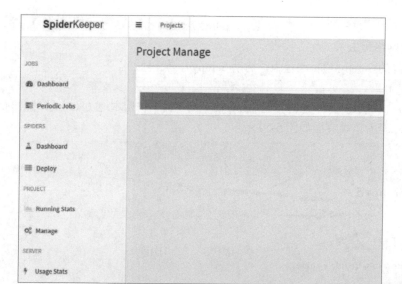

图 6-52　SpiderKeerper 项目创建界面

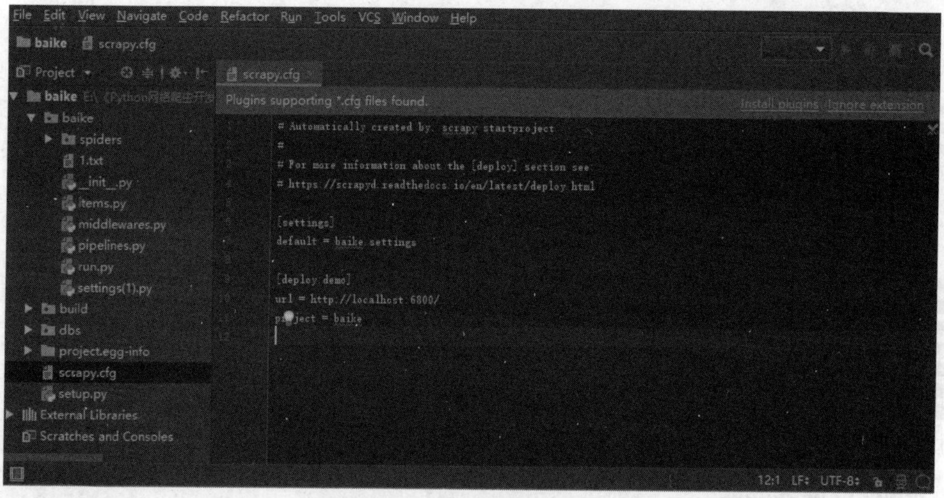

图 6-53　scrapy.cfg 配置文件

5. 部署项目到 Scrapyd

```
scrapyd-deploy book -p dangdang
```

将项目部署到 Scrapyd 如图 6-54 所示。

图 6-54　将项目部署到 Scrapyd

6. 部署项目到 SpiderKeeper

首先在项目路径中"生蛋",部署项目到 SpiderKeeper 如图 6-55 所示。
单击"选择文件"按钮,上传 .egg 类型文件如图 6-56 所示。

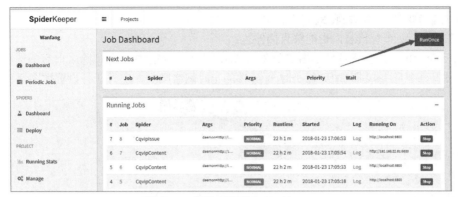

图 6-55　部署项目到 SpiderKeeper

图 6-56　上传 .egg 类型文件

7. SpiderKeeper 的使用

Dshboard：主界面，能够查看全部网络爬虫（暂停的、未启动的、运行中的）的情况，假如要运行网络爬虫，可以单击该页面右上角的 Runonce，网络爬虫的情况如图 6-57 所示。

图 6-57　网络爬虫的情况

能够选择要执行的网络爬虫,设置 IP 池,选择在哪个服务器运行,创建之后会显示在运行栏,能够单击 log 查看日志,也能够直接停止。

Periodic Jobs:定时任务,单击右上角的 Add Job 后能够添加任务,除之前有的选项之外,还能够设置每个月/每星期/每天/每小时/每分钟的定时网络爬虫,定时任务设置如图 6-58 所示。

图 6-58 定时任务设置

Running Stats:查看网络爬虫的运行情况,只能显示时间段网络爬虫的存活情况,运行情况如图 6-59 所示。

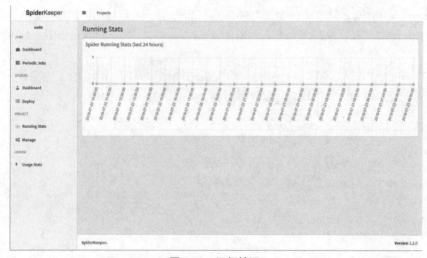

图 6-59 运行情况

6.7.3 Supervisor 网络爬虫进程管理

Supervisor 是一个利用 Python 编写的进程管理工具,能够很方便地用来启动、重启、关闭进程。除对单个进程的控制外，还能够同时启动、关闭多个进程，例如服务器出现问题导致全部应用程序都被杀死，此时能够用 Supervisor 同时启动全部应用程序，而不是逐个输入命令启动。

1. 安装

Supervisor 能够运行在 Linux、macOS 系统上，如前所述，Supervisor 是 Python 编译的，所以安装起来比较容易，代码如下：

```
#Ubuntu 系统安装 supervisor
apt-get install supervisor
```

2. Supervisor 配置

Supervisor 的功能相当强大，不过可能只需要用到其中一小部分。安装完成之后，能够编辑配置文件，来满足自己的需求。为了方便，把配置分成两部分：Supervisord 和应用程序。

安装完 Supervisor 之后，能够运行 echo_supervisord_conf 命令输出默认的配置项，也能够重定向到一个配置文件里，代码如下：

```
echo_supervisord_conf > /etc/supervisord.conf
```

去除里面大多数的注释和不相关的部分，Supervisord 配置文件如图 6-60 所示。

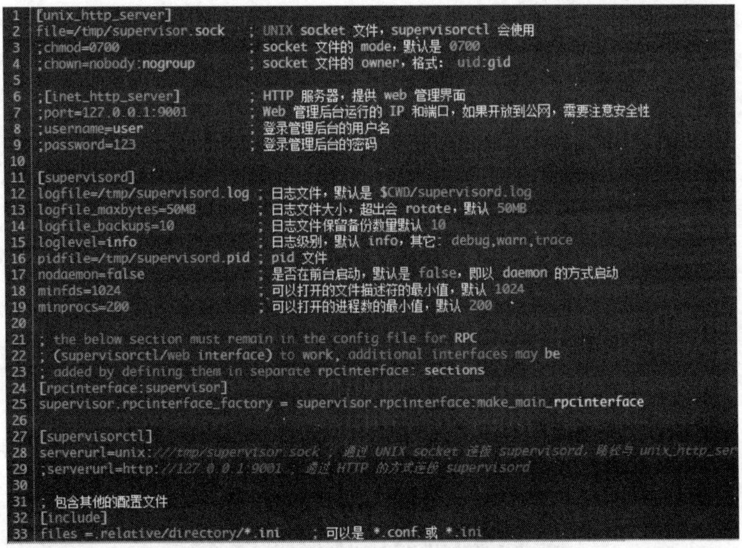

```
[unix_http_server]
file=/tmp/supervisor.sock   ; UNIX socket 文件，supervisorctl 会使用
;chmod=0700                 ; socket 文件的 mode，默认是 0700
;chown=nobody:nogroup       ; socket 文件的 owner，格式： uid:gid

;[inet_http_server]         ; HTTP 服务器，提供 web 管理界面
;port=127.0.0.1:9001        ; Web 管理后台运行的 IP 和端口，如果开放到公网，需要注意安全性
;username=user              ; 登录管理后台的用户名
;password=123               ; 登录管理后台的密码

[supervisord]
logfile=/tmp/supervisord.log ; 日志文件，默认是 $CWD/supervisord.log
logfile_maxbytes=50MB        ; 日志文件大小，超出会 rotate，默认 50MB
logfile_backups=10           ; 日志文件保留备份数量默认 10
loglevel=info                ; 日志级别，默认 info，其它：debug,warn,trace
pidfile=/tmp/supervisord.pid ; pid 文件
nodaemon=false               ; 是否在前台启动，默认是 false，即以 daemon 的方式启动
minfds=1024                  ; 可以打开的文件描述符的最小值，默认 1024
minprocs=200                 ; 可以打开的进程数的最小值，默认 200

; the below section must remain in the config file for RPC
; (supervisorctl/web interface) to work, additional interfaces may be
; added by defining them in separate rpcinterface: sections
[rpcinterface:supervisor]
supervisor.rpcinterface_factory = supervisor.rpcinterface:make_main_rpcinterface

[supervisorctl]
serverurl=unix:///tmp/supervisor.sock ; 通过 UNIX socket 连接 supervisord，路径与 unix_http_ser
;serverurl=http://127.0.0.1:9001 ; 通过 HTTP 的方式连接 supervisord

; 包含其他的配置文件
[include]
files = relative/directory/*.ini    ; 可以是 *.conf 或 *.ini
```

图 6-60　Supervisord 配置文件

3. Program 配置

上面已经把 Supervisord 运行起来，目前能够添加要管理的进程的配置文件。能够把全部配置项都写到 supervisord.conf 文件里，但并不推荐这样做，而应该用经由 include 的方式把不同的程序写到不同的配置文件里会更好。

新建一个目录/etc/supervisor/，用于寄存这些配置文件，修改/etc/supervisor.conf 里面 include 部分的配置，代码如下：

```
[include]
files = /etc/supervisor/*.conf
```

假设有一个用 Python 和 Flask 框架编辑的用户中心系统，取名为 usercenter，用 gunicorn 做 Web 服务器。项目代码位于/home/leon/projects/usercenter，gunicorn 配置文件为 gunicorn.py，WSGI callable 是 wsgi.py 里的 App 属性，所以直接在命令行启动，代码如下：

```
cd /home/leon/projects/usercenter
gunicorn -c gunicorn.py wsgi:app
```

目前编辑一份配置文件来管理这个进程，管理 usercenter 进程配置文件如图 6-61 所示。

```
[program:usercenter]
directory = /home/leon/projects/usercenter ; 程序的启动目录
command = gunicorn -c gunicorn.py wsgi:app  ; 启动命令，可以看出与手动在命令行启动的命令是一样的
autostart = true     ; 在 supervisord 启动的时候也自动启动
startsecs = 5        ; 启动 5 秒后没有异常退出，就当作已经正常启动了
autorestart = true   ; 程序异常退出后自动重启
startretries = 3     ; 启动失败自动重试次数，默认是 3
user = leon          ; 用哪个用户启动
redirect_stderr = true  ; 把 stderr 重定向到 stdout，默认 false
stdout_logfile_maxbytes = 20MB  ; stdout 日志文件大小，默认 50MB
stdout_logfile_backups = 20     ; stdout 日志文件备份数
; stdout 日志文件，需要注意当指定目录不存在时无法正常启动，所以需要手动创建目录（supervisord 会自动创建日志
stdout_logfile = /data/logs/usercenter_stdout.log

; 可以通过 environment 来添加需要的环境变量，一种常见的用法是修改 PYTHONPATH
; environment=PYTHONPATH=$PYTHONPATH:/path/to/somewhere
```

图 6-61　管理 usercenter 进程配置文件

一份配置文件至少需要一个[program:x]部分的配置，来通知 Supervisord 需要管理哪个进程。[program:x]语法中的 x 表示 program name，会在客户端显示，在 supervisorctl 中经由这个值来对程序进行 start、restart、stop 等操作。

4. 使用 supervisorctl

supervisorctl 是命令行客户端工具，启动时需要指定与 Supervisord 使用同一份配置文件，否则与 Supervisord 一样依照顺序查找配置文件，代码如下：

```
supervisorctl -c /etc/supervisor.conf
```

这个命令会进入 supervisorctl 的 shell 界面，而后能够执行不同的命令，在 shell 界面使用 supervisorctl 如图 6-62 所示。

```
> status    # 查看程序状态
> stop usercenter   # 关闭 usercenter 程序
> start usercenter  # 启动 usercenter 程序
> restart usercenter    # 重启 usercenter 程序
> reread    # 读取有更新（增加）的配置文件，不会启动新添加的程序
> update    # 重启配置文件修改过的程序
```

图 6-62　在 shell 界面使用 supervisorctl

上面这些命令都有相应的输出，除进入 supervisorctl 的 shell 界面外，也能够直接在 bash 终端运行，bash 终端使用命令如图 6-63 所示。

```
$ supervisorctl status
$ supervisorctl stop usercenter
$ supervisorctl start usercenter
$ supervisorctl restart usercenter
$ supervisorctl reread
$ supervisorctl update
```

图 6-63　bash 终端使用命令

6.7.4 Scrapy 项目设计思路

1. 基于 Scrapy 分布式网络爬虫的开发与设计

基于 Python 的分布式房源数据抓取系统，为数据的进一步应用（即房源推荐系统）做数据支持。处理单进程单机网络爬虫的瓶颈，打造一个基于 Redis 分布式多网络爬虫共享队列的主题网络爬虫。

本系统是采用 Python 的 Scrapy 框架来开发，利用 XPath 技术对下载的网页进行提取解析，使用 Redis 数据库做分布式，运用 MongoDB 数据库做数据存储，使用 Django Web 框架和

SemanticUI 开源框架对数据进行可视化,最后使用 Docker 对网络爬虫程序进行部署。设计针对 58 同城各大城市租房平台的分布式网络爬虫系统,分布式网络爬虫系统功能架构如图 6-64 所示。

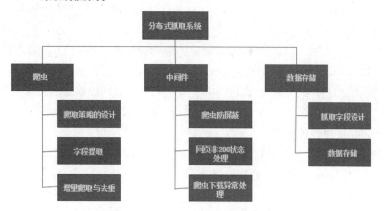

图 6-64　分布式网络爬虫系统功能架构

分布式网络爬虫抓取系统主要包括以下功能:
(1) 网络爬虫功能:抓取策略的设计、内容数据字段的设计、增量抓取、请求去重。
(2) 中间件:网络爬虫防屏蔽中间件、网页非 200 状态处理、网络爬虫下载异常处理。
(3) 数据存储:抓取字段设计、数据存储。
(4) 数据可视化。

2. 系统分布式架构

分布式采用主从结构设置一个 Master 服务器和多个 Slave 服务器,Master 端管理 Redis 数据库和分发下载任务,Slave 部署 Scrapy 网络爬虫提取网页和解析提取数据,最后把解析的数据存储在同一个 MongoDB 数据库中,分布式网络爬虫架构如图 6-65 所示。

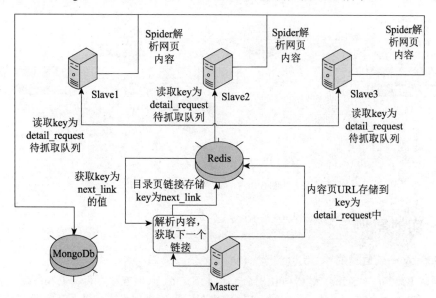

图 6-65　分布式网络爬虫架构

运用 Redis 数据库完成分布式抓取，其根本思想是 Scrapy 网络爬虫取得的 detail_request 的 URLs 都放到 Redis Queue 中，全部网络爬虫也都从指定的 Redis Queue 中获得 requests，Scrapy-Redis 组件中默认使用 SpiderPriorityQueue 来确定 URL 的先后次序，这是由 sorted set 实现的一种非 FIFO、LIFO 方式。因而，待抓取队列的共享是网络爬虫能够部署在其服务器上完成同一个抓取任务的一个关键点。此外，在本书中，为解决 Scrapy 单机局限的问题，把 Scrapy 结合 Scrapy-Redis 组件进行开发，Scrapy-Redis 的总体思路便是这个工程经由重写 Scrapu 框架中的 Scheduler 和 Spider 类，完成调度、Spider 启动和 Redis 的交互。实现新的 DupeFilter 和 Queue 类，达到判重和调度容器与 redis 的交互，由于每个主机上的网络爬虫进程都访问同一个 Redis 数据库，所以调度和判重都进行统一管理，达到分布式网络爬虫的目标。

3. 抓取策略的系统设计实现

由 Scrapy 的结构分析可知，网络爬虫从初始地址开始，根据 Spider 中定义的目标地址获得的正则表达式或者 XPath 获得更多的网页链接，并加入待下载队列当中，进行去重和排序之后，等候调度器的调度。

在这个系统中，新的链接能够分为两类，一类是目录页链接，也就是通常看到的下一页的链接，另一类是内容详情页链接，也就是需要解析网页提取字段的链接，指向的便是实际的房源信息页面。网络需从每一个目录页链接当中提取到多个内容页链接，加入待下载队列准备进一步抓取。抓取流程设计图如图 6-66 所示。

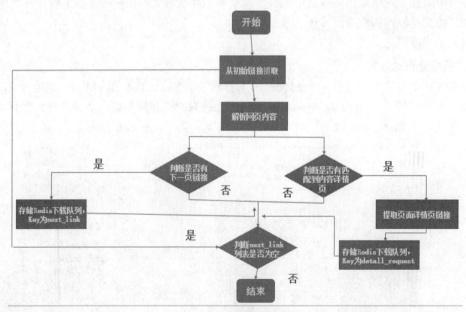

图 6-66　抓取流程设计图

6.7.5　实战案例

1. Scrapy 小项目测试

在确认 Python 与 Scrapy 环境可使用后，基于 Scrapy 来抓取糗事百科的糗图源文件，整个流程包括如何创建 Scrapy 框架，以及框架结构说明，最后实现抓取糗图的源文件，步骤如下。

1）在本地目录下创建名为 baike 的 Scrapy 项目

在本次实验中，所调用的编译软件是 PyCharm，所以在创建时需要切换到 PyCharm 保存文件的目录下创建，创建 baik1 的项目如图 6-67 所示，创建 Scrapy 项目的命令如下。当输入命令行创建完成后，在终端中会有提示，能够进入 baike1 中开始的第一个网络爬虫程序证明创建成功，并能够开始使用。

```
scrapy startproject baik1
```

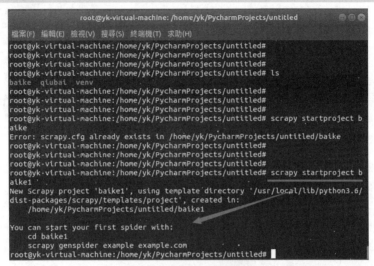

图 6-67　创建 baik1 的项目

2）打开 PyCharm 查看

在 PyCharm 目录下创建完成后，能够打开该软件查看 Scrapy 项目整体的一个框架，项目结构树如图 6-68 所示。

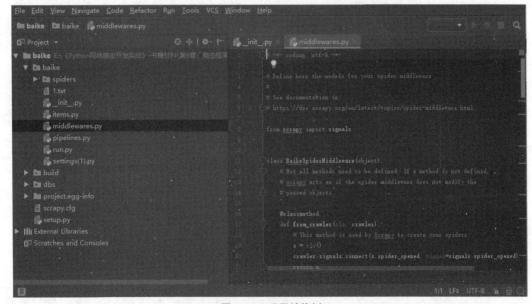

图 6-68　项目结构树

3）抓取糗事百科的糗图

（1）确定目标网站的地址为 https://www.qiushibaike.com/，糗事百科首页如图 6-69 所示。

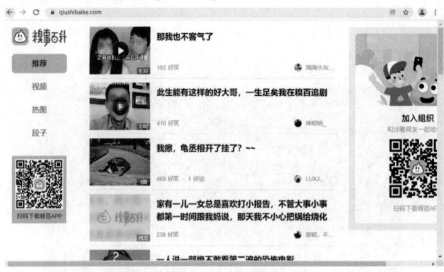

图 6-69　糗事百科首页

（2）在左侧的菜单中选择糗图，确定当前糗图的 URL 如图 6-70 所示。

图 6-70　确定当前糗图的 URL

4）在确认完地址后，设置请求头

在确认完糗事百科的糗图地址后，需要复制浏览器访问糗事百科时的请求头地址，复制到 settings.py 中，查看 User-Agent 的位置所在。查看请求头如图 6-71 所示。

5）覆盖请求头

找到 settings.py 文件中的覆盖请求头，去掉注释并加上如下内容：

```
#Override the default request headers:
DEFAULT_REQUEST_HEADERS = {
    'Accept': 'text/html,application/xhtml+xml,application/xml;q=0.9,*/*;q=0.8',
```

```
        'Accept-Language': 'en',
        #目标地址
        'Referer':'http://www.qiushibaike.com/pic/',
        #谷歌浏览器请求头
        'User-Agent':"Mozilla/5.0 (X11; Linux x86_64) AppleWebKit/537.36 (KHTML, like Gecko) Chrome/74.0.3729.157 Safari/537.36"
    }
```

图 6-71　查看请求头

6）确定数据模型

使用 Scrapy 抓取好相关数据后，需要把数据进行保存，数据在 Scrapy 中流转是经由 Item 来实现的，使用 Item 来定义 Scrapy 的数据模型，存储在 item 字段中的 Field 对象中。其中 img 定义抓取到的图片字段，lable 则是图片的标题字段，代码如下：

```
import scrapy
class baike(scrapy.Item):
    #定义抓取完得到的数据存储字段
    img = scrapy.Field()
    lable = scrapy.Field()
    pass
```

7）编辑网络爬虫代码

（1）到 Spiders 目录中创建 baike1.py 文件，在创建完成后开始编辑网络爬虫代码。首先引入 Scrapy 库，创建类别名为 baike，添加网络爬虫的标识，即名称，再设置 allowed_domains 过滤抓取的域名，而后经由 start_urls 定义初始链接，即开始抓取的链接，代码如下：

```
#coding:utf-8
import scrapy
#创建类别
class baike1(scrapy.spiders.Spider):
    #网络爬虫的标识
```

```
    name = "qiushi_img"
    #过滤抓取过的域名
    allowed_domains = ["https://www.qiushibaike.com"]
    #定义开始抓取的链接
    start_urls = ["https://www.qiushibaike.com/pic/"]
```

（2）审查网页。

所要抓取的内容是糗事百科的糗图源文件，目前需要查看网页上的图片存储在哪个标签内，打开目标网站，查看图片所在标签链接如图 6-72 所示。

图 6-72　查看图片所在标签链接

（3）简短易懂地保存抓取的源文件。

使用 def 定义 Scrapy 中的 parse 函数，当服务器进行响应的时候，首先返回到这里，Scrapy 就会调用这个函数，再从 response 中获取 img，并把响应的内容传递给第一个参数，也就是所添加的 with open("1.txt","w")as f，而后把 list 的元素插入 img 当中，再设置 XPath 表达式，把包含 "@src" 的整个页面中的全部图片经由 src 提取出来，整合后的代码如下：

```
#调用函数
def parse(self, response):
#从 response 中获得 img
    img_list = response.xpath("//img")
    #新建一个文本后，写入图片的数据格式
    with open("1.txt", "w+") as f:
    #把返回的第一个参数写入 1.txt 中
        for img in img_list:
        #使用 XPath 表达式提取包含@src 的数据
            src = img.xpath("@src")
            content = src.extract()
```

8）添加循环

在下方增加一个循环，用于循环 content 的数据写入，使用 f.write() 来进行写入后再以 f.close() 结束，代码如下：

```
if content:
    f.write(content[0].encode("utf-8") + "\n")
f.close()
```

9）切换至终端的目录下执行 Scrapy

在执行 Scrapy 的项目代码时，切换到 Scrapy 的文件目录下，切换到项目目录如图 6-73 所示。

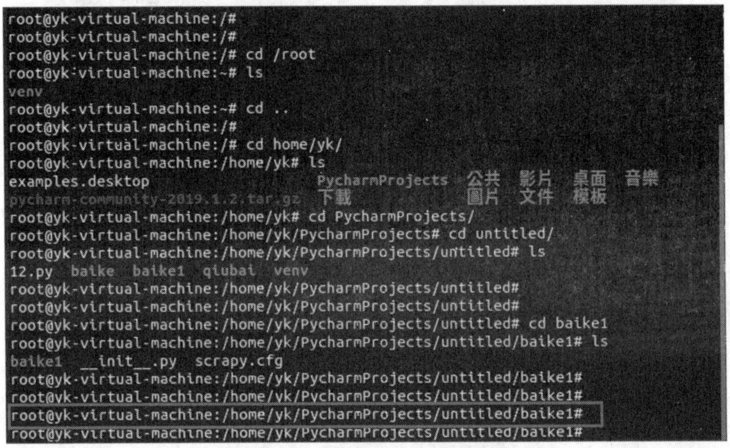

图 6-73　切换到项目目录

切换至文件目录下后，输入 scrapy list 查看之前步骤所创建的网络爬虫表示名，查看网络爬虫列表如图 6-74 所示。

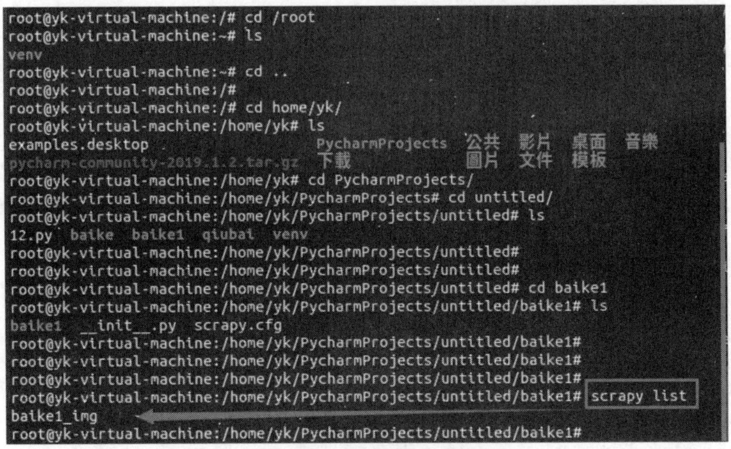

图 6-74　查看网络爬虫列表

使用终端命令执行网络爬虫，执行命令如下，运行网络爬虫结果如图 6-75 所示。

```
scrapy crawl baike1_img
```

项目小测只是为了检测搭建的 Scrapy 框架是否能够正常使用，并简单介绍一个基本的网络爬虫过程，但大部分操作都是在命令行下执行，不是很全面，接下来把这块网络爬虫添加到 PyCharm 进行调试。在 baike1 项目外层创建 run.py 文件，添加文件 run.py 如图 6-76 所示。

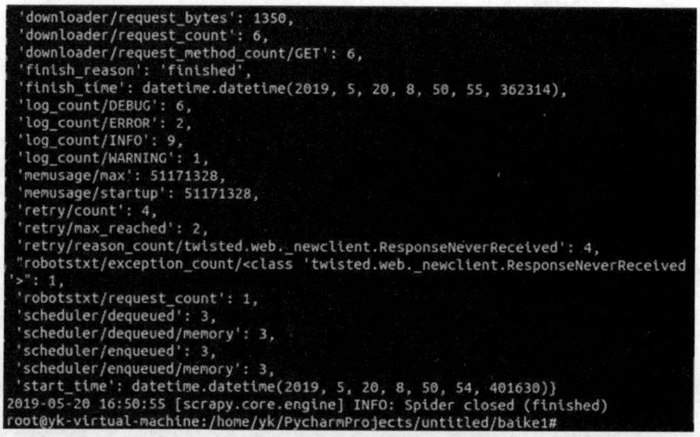

图 6-75　运行网络爬虫结果

图 6-76　添加文件 run.py

使用 Scrapy 的 cmdline 类来调用在终端命令行中的运行命令，代码如下，使用 cmdline 类运行网络爬虫如图 6-77 所示。

```
#coding:utf-8
from scrapy import cmdline
cmdline.execute("scrapy crawl qiushi_img".split())
```

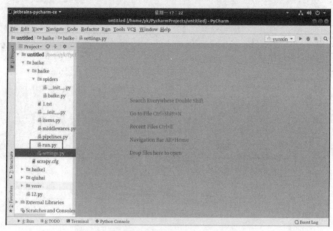

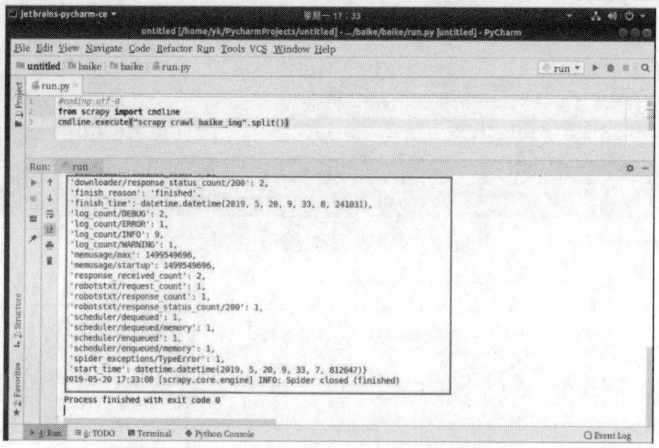

图 6-77　使用 cmdline 类运行网络爬虫

到此,一个 Scrapy 框架的搭建和基本的网络爬虫与 PyCharm 的环境部署已全部实现。但没有涉及内容的存储,接下来会介绍运行 Scrapyd 的管理及部署。

2. Scrapyd 管理网络爬虫

Scrapy 是一个网络爬虫框架,而 Scrapyd 是一个网页版管理 Scrapy 的工具,Scrapy 网络爬虫写完后,能够在终端中运行,如能在网页上操作就比较方便,Scrapyd 就是为解决这个问题的工具,它能够在网页端查看正在执行的任务,也能新建网络爬虫和终止网络爬虫任务,功能比较强大。

1)安装 Scrapyd

在 Ubuntu 下进行安装的代码如下,如图 6-78 所示。

```
pip3 install scrapyd
```

图 6-78 安装 Scrapyd

2)验证安装是否成功

可在终端中直接输入 scrapyd 来进行查看,Scrapyd 启动成功结果如图 6-79 所示。

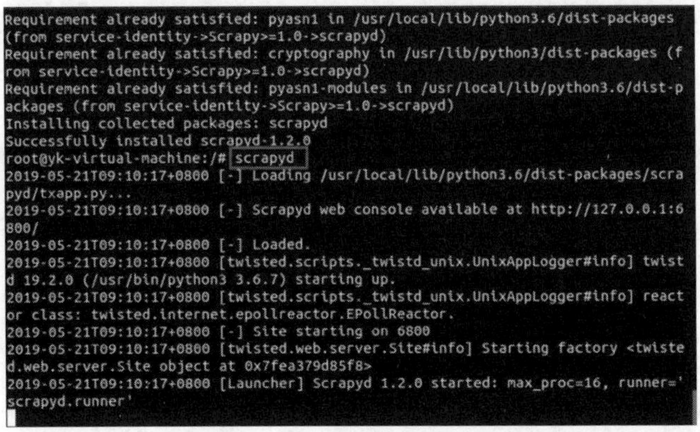

图 6-79 Scrapyd 启动成功结果

使用虚拟机所搭建的系统来启动 Scrapyd 管理工具时,用户所处的原版系统是无法访问网页的。由于不同的系统所使用的配置文件不同,所以只有 Scrapyd 搭建的系统的浏览器才能进行访问。

各个功能中,Job 是上传过的网络爬虫项目,Log 是运行日志窗口,Documentation 是文件资料。

3）部署客户端

Scrapyd 是一个服务器端，真正部署网络爬虫需要两个端，一是安装好 Scrapyd 的服务器端，二是安装好 scrapy-client 的客户端，由于机子的问题，把客户端与服务端部署在同一台机子上。接下来部署客户端，与安装 Scrapyd 一致，安装客户端代码如下，安装 scrapy-client 如图 6-80 所示。

```
pip install scrapy-client
```

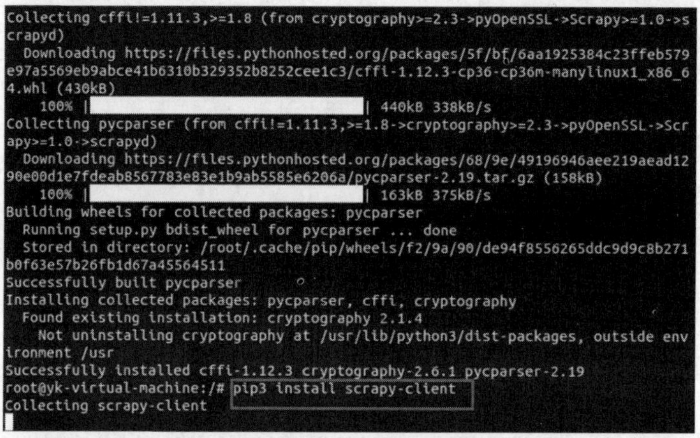

图 6-80　安装 scrapy-client

4）部署 Scrapy 项目

依据任务一的网络爬虫，在 Scrapy 项目目录下，scrapy.cfg 文件所在位置如图 6-81 所示。

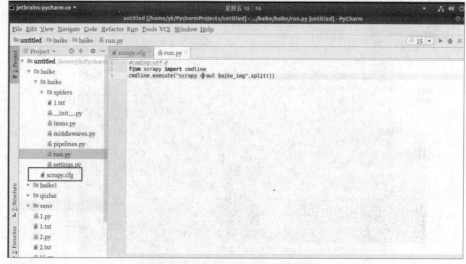

图 6-81　scrapy.cfg 文件所在位置

配置文件中原先注释掉的 URL 那一行取消注释，这个便是所要部署到目标服务器的地址，而后把[deploy]改为[deploy:demo]，命名为 demo。下边的 project 是工程名。到此，配置文件就更改完毕，配置 scrapy.cfg 文件如图 6-82 所示。

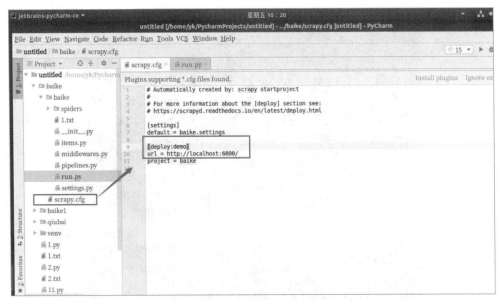

图 6-82　配置 scrapy.cfg 文件

接着在路径目录下执行 scrapyd-deploy，但是这个命令在 Windows 系统是不能运行的，在 Windows 系统下这个文件是没有后缀名的，解决办法是添加该文件后缀名为 bat。Linux 系统的上传命令为 scrapyd-deploy demo -p [网络爬虫文件名]，部署成功如图 6-83 所示。

图 6-83　部署成功

5）查看已上传的 Scrapy 项目

listprojects.json 这个接口能够用来查看当前运行的全部任务详情，能够在终端命令行中输入命令查看 Scrapy 是否上传成功，查看服务端状态如图 6-84 所示。

6）查看最新版本的全部 Spider 名称

能够使用 listversions.json 这个接口来取得某个项目的版本号，版本号是按序排列的，最后一个条目是最新的版本号，查看最新版本号如图 6-85 所示。

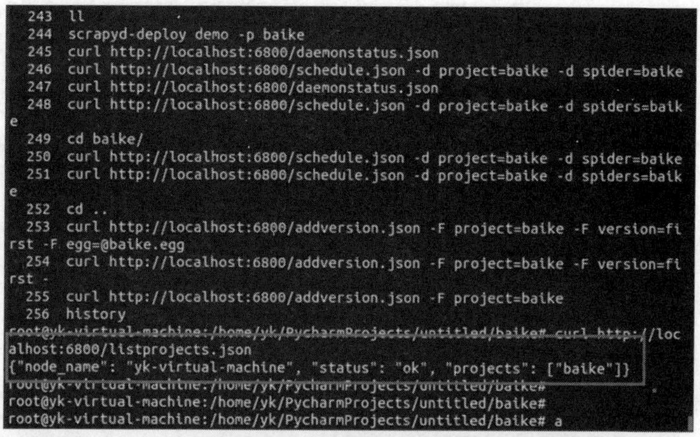

图 6-84　查看服务端状态

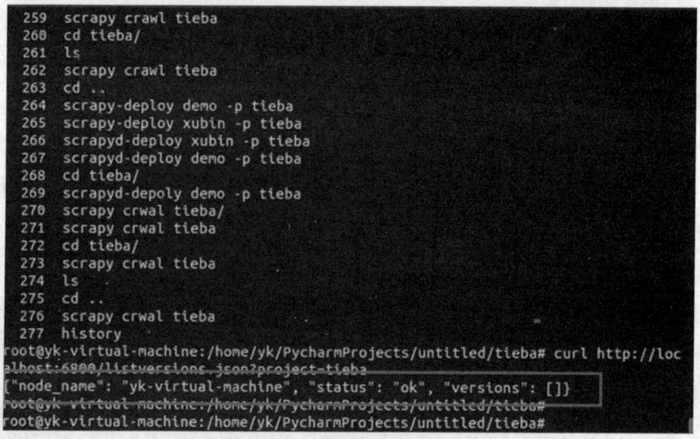

图 6-85　查看最新版本号

3. 使用 SpiderKeeper 进行任务监控

1）部署该组件

部署的方式与 Scrapyd 一样，在终端命令行中输入如下命令，安装 SpiderKeeper 结果如图 6-86 所示。

```
pip install Spiderkeeper
```

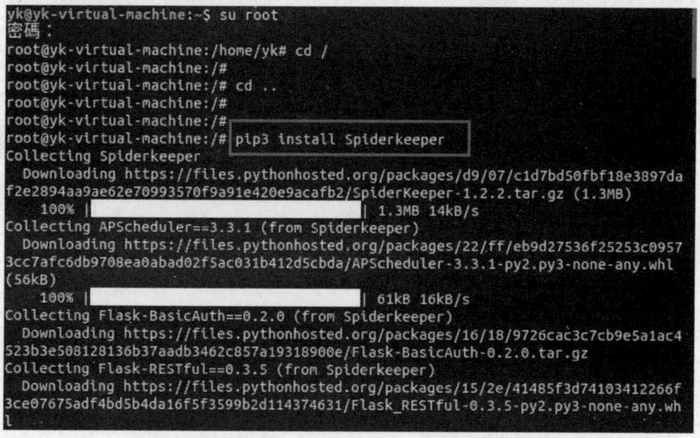

图 6-86　安装 SpiderKeeper 结果

2）启动 SpiderKeeper

在终端命令行中直接输入 spiderkeeper，要注意的是区分大小写，运行 SpiderKeeper 结果如图 6-87 所示。

图 6-87　运行 SpiderKeeper 结果

SpiderKeeper 的默认端口为 5000，这跟 Scrapyd 管理工具的端口是不一样的，在启动时 Scrapyd 可以不用关闭，不冲突。

初次访问的用户名及密码都为 admin。

3）新建项目

登录后的界面中有一个新建项目，能够选择所要新建的名称。

4）设置定时网络爬虫

在仪表板下方能够添加相应的网络爬虫工作，也就相当于设置网络爬虫的运行时间。

5）网络爬虫监控

在第三个菜单选项中的仪表板能够监控所创建的网络爬虫以及设置运行日期。

6.8　本章习题

一、单选题

1. PySpider 抓取首先调用 on_start()方法生成最初的抓取任务，然后发送给（　　）。
A. Fetcher　　　　　B. Processer　　　　　C. Result Worker　　　　D. Scheduler

2. PySpider 执行删除项目，执行（　　）会被删除。
A. 24 分钟后　　　B. 24 秒后　　　　C. 2 分 4 秒后　　　　D. 一天后

3. Scrapy 框架中（　　）负责 Spider、ItemPipeline、Downloader、Scheduler 中间的通信、信号、数据传递等。
A. Scrapy Engine（引擎）　　　　　　　B. Scheduler（调度器）
C. Downloader（下载器）　　　　　　　D. Item Pipeline（管道）

4. 以下选项中，（　　）是 PySpider 具有的特性。

A. 对千万级 URL 去重支持很好，采用布隆过滤
B. 全部命令行操作
C. 支持 MySQL、MongoDB、SQLite
D. 是一个成熟的框架

5. 以下选项中，（　　）是 Scrapy 具有的特性。
A. 支持抓取 JavaScript 的页面
B. 组件可替换，支持单机/分布式部署，支持 Docker 部署
C. 强大的调度控制
D. 不支持 JS 渲染，需要单独下载 Scrapy-Splash（或者使用 Selenium）

6. 以下选项中，（　　）不是 PySpider 的优点。
A. 提供 WebUI 界面，调试网络爬虫很方便
B. 支持优先级定制和定时抓取等功能
C. 支持所有的数据库
D. 可以很方便地进行抓取的流程监控和网络爬虫项目管理

二、填空题
1. 举出三个网络爬虫的常见框架：_____、_____、_____。
2. PySpider 的架构主要分为_____、_____、_____三个部分。

三、简答题
1. PySpider 是什么？
2. Scrapy 是什么？
3. PySpider 具有哪些特性？（列举三条即可）
4. Scrapy 具有哪些特性？（列举三条即可）
5. 比较 PySpider 与 Scrapy。

第 7 章

综合性实战案例

本章学习目标

- 掌握使用 requests 库。
- 掌握使用 Scrapy 框架。
- 掌握瀑布流抓取的基本理论知识。
- 了解瀑布流抓取操作。
- 掌握 Scrapy 的基本理论知识。
- 掌握代理 IP 的使用。
- 掌握 Python 网络爬虫攻防战技术的使用。
- 掌握 PySpider 的基本理论知识。
- 了解 RabbitMB 队列的使用。
- 掌握 Fiddler 抓包工具抓获 https 数据。
- 掌握使用 Python 模拟 POST 请求。
- 掌握 Python 操作 MySQL 存入数据。

本章先向读者介绍瀑布流网络爬虫,再介绍网络爬虫攻防战和分布式网络爬虫,最后介绍微信网络爬虫。

7.1 实战案例 1:瀑布流抓取

1. requests 库

requests 是用 Python 语言编辑,基于 urllib,采用 Apache2 Licensed 开源协议的 HTTP 库。它比 urllib 更加方便,能够减少大量的工作,完全满足 HTTP 测试需求。requests 在 Ubuntu 系统下的安装代码如下,安装 requests 如图 7-1 所示。

```
#安装 Python3 的 pip 插件
sudo apt-get install python3-pip
#Python2 版本使用命令:
sudo pip install -upgrade requests
```

```
#Python3 版本使用命令:
sudo pip3 install -upgrade requests
```

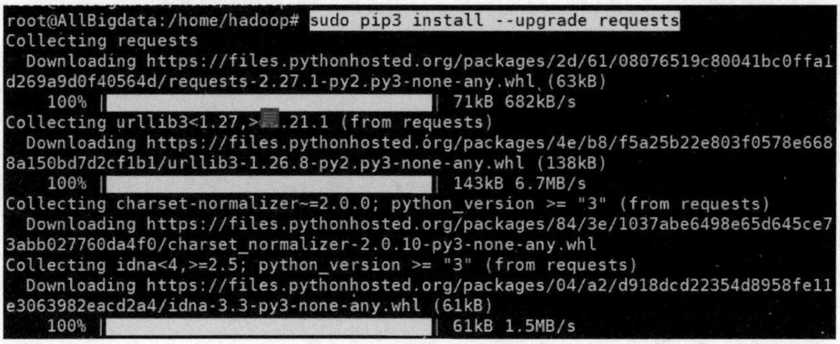

```
root@AllBigdata:/home/hadoop# sudo pip3 install --upgrade requests
Collecting requests
  Downloading https://files.pythonhosted.org/packages/2d/61/08076519c80041bc0ffa1
d269a9d0f40564d/requests-2.27.1-py2.py3-none-any.whl (63kB)
    100% |████████████████████████████████| 71kB 682kB/s
Collecting urllib3<1.27,>[illegible].21.1 (from requests)
  Downloading https://files.pythonhosted.org/packages/4e/b8/f5a25b22e803f0578e668
8a150bd7d2cf1b1/urllib3-1.26.8-py2.py3-none-any.whl (138kB)
    100% |████████████████████████████████| 143kB 6.7MB/s
Collecting charset-normalizer~=2.0.0; python_version >= "3" (from requests)
  Downloading https://files.pythonhosted.org/packages/84/3e/1037abe6498e65d645ce7
3abb027760da4f0/charset_normalizer-2.0.10-py3-none-any.whl
Collecting idna<4,>=2.5; python_version >= "3" (from requests)
  Downloading https://files.pythonhosted.org/packages/04/a2/d918dcd22354d8958fe11
e3063982eacd2a4/idna-3.3-py3-none-any.whl (61kB)
    100% |████████████████████████████████| 61kB 1.5MB/s
```

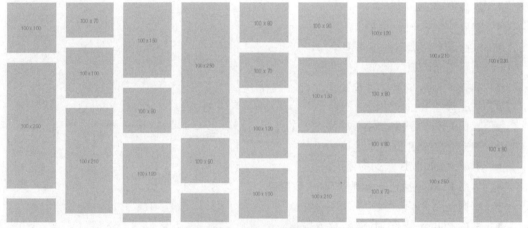

图 7-1　安装 requests

2. 瀑布流简介

当数据比较多的时候，为了获得更好的用户体验和节省服务器资源，前端的开发工程师就会采用懒加载，瀑布流图片布局如图 7-2 所示。

图 7-2　瀑布流图片布局

1）瀑布流的排序

（1）每张图片的宽度是一致的。

（2）从左往右进行排序，第一排放不下则从第二排重新开始排列。

（3）第二排或者往后的每排图片放置的位置为上一排高度最小图片的下面依次排放。

2）瀑布流实现的原理

（1）图片的位置摆放。

（2）瀑布流图片 div 容器的实现。

它是经由对其进行绝对定位来实现的，瀑布图片的摆放顺序如图 7-3 所示。

图片的摆放位置需要依据图片的高度进行判定，让下一行的图片依次放到与某列高度之和成最小的图片下面。由于图片的高度很重要，需要保存并进行比较，所以要用一个数组来描述每张图片的高度。

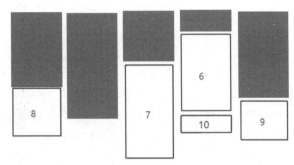

图 7-3 瀑布图片摆放顺序

下面以抓取百度图片为例进行介绍。

1. 任务说明

百度图片的网页是一个动态页面,它的网页原始数据是没有图片的,经由 JavaScript 把图片数据插入到网页的标签里,它只在运行时加载和渲染,得经过抓包的方式来抓取。为抓取百度图片的搜索关键词的网页信息,需要进行瀑布式网络爬虫,使用其中一种抓取方法来获得某搜索结果的网页信息,例如使用已事先搜索的网页信息进行抓取。

首先需要在百度搜索栏输入关键词,使用瀑布式网络爬虫的第一步便是对网页信息进行分析。例如在搜索完斗罗大陆关键词,使用开发者工具选择 Network 查看 XHR 的包 Headers、Preview,为避免网络爬虫程序访问网页服务器时被检测出是网络爬虫而被禁止访问,在编辑网络爬虫的开头部分添加伪造的请求头来避免检测后,对发送的字符串循环遍历判别,返回响应的 JSON 数据存储到本地,推迟线程运行时间,最后调用主函数,对目标关键词的内容和数量进行抓取。

1)打开百度搜索图片

以百度图片搜索斗罗大陆为例,百度图片斗罗大陆如图 7-4 所示。

图 7-4 百度图片斗罗大陆

2)进入要抓取的瀑布流网站

按 F12 键进入开发者模式,审查元素如图 7-5 所示。

图 7-5　审查元素

3）查看网站 Previews

选择 Network→XHR→Preview，向下滑动滚动条到一定程度时会出现 acjson?tn=resultjson_com$ipn=rj$ct=20132659...这样的请求，这是一条 JSON 数据，点开 data(数据)，能够看到里面有 0-29，共 30 条数据，每一条都对应一张图片，查看返回的 JSON 数据如图 7-6 所示。

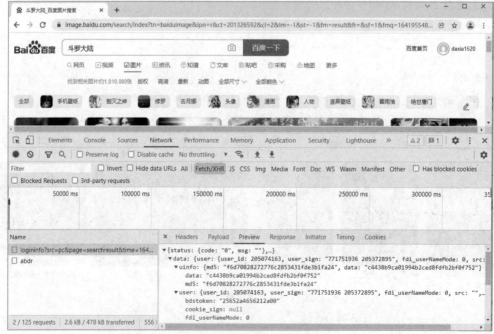

图 7-6　查看返回的 JSON 数据

4)根据网站 Previews 分析图片 URL

百度图片刚开始只加载 30 张图片,再次滑动滚动条时,页面会动态加载下一条 JSON 数据,每条 JSON 数据里面包含 30 条信息,信息里面包括图片的 URL,JavaScript 会把这些 URL 解析并显示出来,滚动条滚动到底时重复这一操作。

查看 Headers 下 Query String Parameters 里的 pn 字段,第一条 JSON 数据为 30,第二条 JSON 数据为 60,它以 30 为步长递增。再看 queryWord 和 word,这两个是前面输入的关键字,其他的字段都保持不变的状态,查询参数(1)如图 7-7 所示,查询参数(2)如图 7-8 所示。

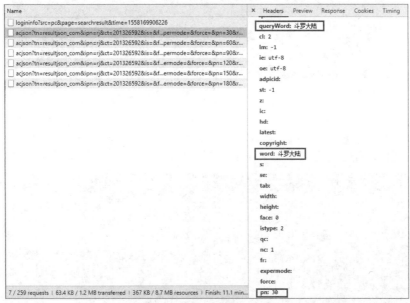

图 7-7 查询参数(1)

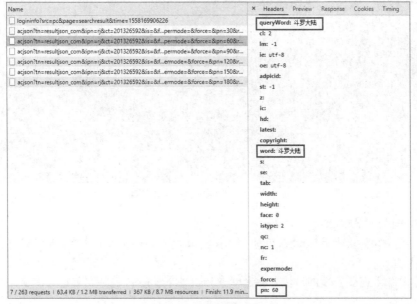

图 7-8 查询参数(2)

5）检查模块安装情况

第一种方式是直接在 Python 中 import 该模块，代码如下，导入模块进行检查如图 7-9 所示。

```
import requests
import os
import time
import urllib
```

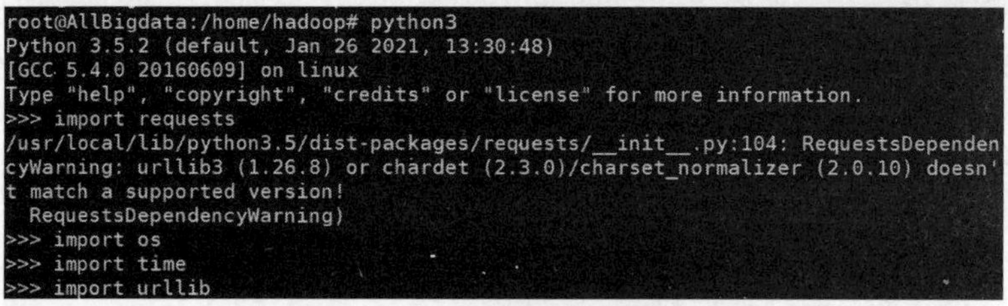

图 7-9　导入模块进行检查

第二种方式是大范围的查找，直接查看 Python 下安装哪些模块，全部列出来，在里面找是否有需要的模块，方法是在 Python 中输入如下命令，使用 help 方法查询模块如图 7-10 所示。

```
help('modules')
```

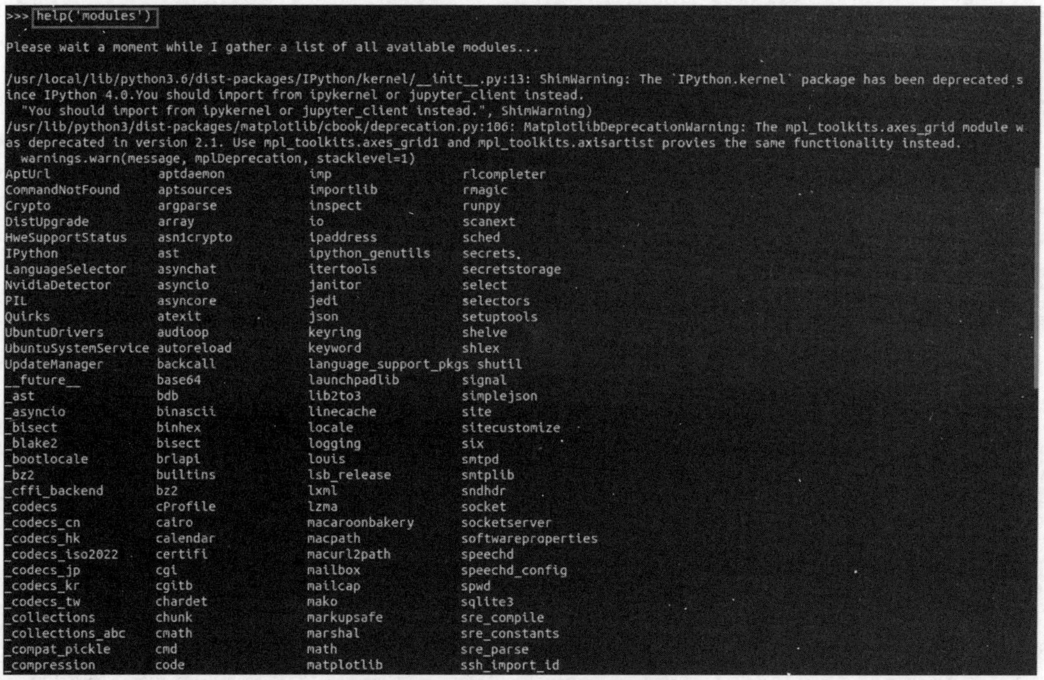

图 7-10　使用 help 方法查询模块

6）PyCharm 安装模块

打开 PyCharm，单击 File→Settings→Project Interpreter，单击右上角的+添加模块，添加模块如图 7-11 所示。

在搜索框输入需要安装的模块名称，单击 Install Package，等待安装完成提示，安装库文件如图 7-12 所示。

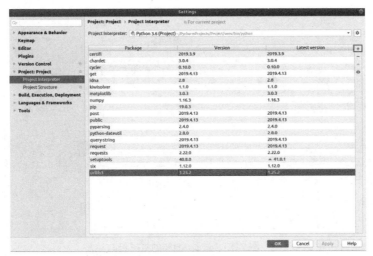

图 7-11　添加模块

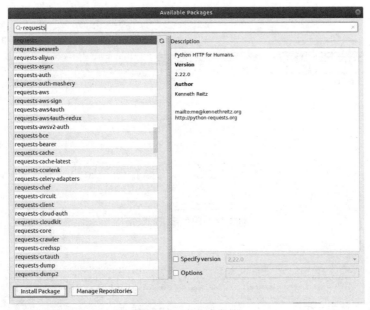

图 7-12　安装库文件

7）目标网页结构分析

（1）找到目标网页的请求数据链接，在谷歌浏览器中打开目标网页，按 F12 键进入开发者模式，单击 Network→XHR，查看 XHR 的数据包如图 7-13 所示。

（2）单击加载更多，在开发者模式下，单击 name 下的请求链接，便可找出本次请求得到的 JSON 数据，以及请求头信息，单击 copy link address 复制下请求链接，观察请求的链接如图 7-14 所示。

（3）找出网页的分页规律，对比两次的请求链接情况，发现只有 pn 和 gsm 不同，找到它的取值方式，即取上一次请求数据中的 pn 和 gsm 的值，作为下一次请求的值，从而实现分页。

（4）经由无限迭代抓取数据，但是网站有监测机制，所以需要使用请求头躲避反爬，伪造成浏览器请求，请求头参数不固定，根据网站不同改变，请求头信息如图 7-15 所示。

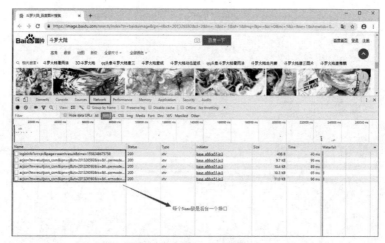

图 7-13　查看 XHR 的数据包

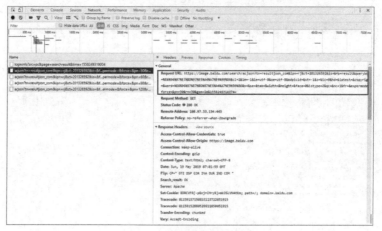

图 7-14　观察请求的链接

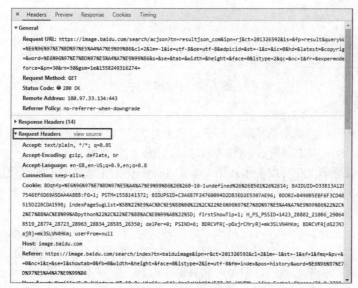

图 7-15　请求头信息

8）编辑完整代码

写的脚本模块既能够导入到别的模块中使用，也可以直接执行，完整的代码如下：

```
from urllib import request
import requests
import os
import time
def get_image(keywords,num):
    url = 'https://image.baidu.com/search/acjson?tn=resultjson_com&ipn=rj&ct=201326592&is=&fp=result&queryWord=%E6%96%97%E7%BD%97%E5%A4%A7%E9%99%86&cl=2&lm=-1&ie=utf-8&oe=utf-8&adpicid=&st=-1&z=&ic=&hd=&latest=&copyright=&word=%E6%96%97%E7%BD%97%E5%A4%A7%E9%99%86&s=&se=&tab=&width=&height=&face=0&istype=2&qc=&nc=1&fr=&expermode=&force=&pn=30&rn=30&gsm=1e&1558167613124='
    headers = {
    'User-Agent': 'Mozilla/5.0 (X11;Ubuntu;Linux x86_64; rv:66.0)Geck/20100101 Firefox/66.0 ',
    'Host': 'image.baidu.com',
    'Referer': 'https://image.baidu.com/search/index?tn=baiduimage&ipn=r&ct=201326592&cl=2&lm=-1&st=-1&fm=result&fr=&sf=1&fmq=1558167601858_R&pv=&ic=&nc=1&z=&hd=&latest=&copyright=&se=1&showtab=0&fb=0&width=&height=&face=0&istype=2&ie=utf-8&sid=&word=%E6%96%97%E7%BD%97%E5%A4%A7%E9%99%86&f=3&oq=%E6%96%97%E7%BD%97d&rsp=0',
    }
    data = '''
    tn: resultjson_com
    ipn: rj
    ct: 201326592
    is:
    fp: result
    queryWord:
    cl: 2
    lm: -1
    ie: utf-8
    oe: utf-8
    adpicid:
    st: -1
    z:
ic:
    hd:
    latest:
    copyright:
    word:
    s:
    se:
    tab:
    width:
    height:
    face: 0
    istype: 2
```

```
        qc:
        nc: 1
        fr:
        expermode:
        force:
        pn: 30
        rn: 30
        gsm: 96
        1545877953682:
        '''
    sendData = {}
    send_data = data.splitlines()
    try:
        for i in send_data:
            data_list = i.split(': ')
            if len(data_list) == 2:
                key,value = data_list
                if key and value:
                    sendData[key] = value
    except Exception as e:
        print(e)
    sendData['word'] = sendData['queryWord'] = keywords
    sendData['rn'] = str(1*num)
    response = requests.get(url=url,headers=headers,params=sendData)
    content = response.json()['data']
    for index,src in enumerate(content):
        image_url = src.get('middleURL')
        if os.path.exists('image'):
            pass
        else:
            os.mkdir('image')
        if image_url and os.path.exists('image'):
            name = './image/image_%s_%s.jpg'%(index,keywords)
            try:
                request.urlretrieve(url=image_url,filename=name)
            except Exception as e:
                print(e)
            else:
                print('%s is download'%name)
                time.sleep(1)
if __name__ == '__main__':
    keywords = input('请输入要抓取的图片内容: ')
    num = int(input('想要多少输入多少: '))
    get_image(keywords,num)
```

2. 最终效果

抓取过程，根据运行后的提示输入相应的内容和数量，输入抓取的结果如图 7-16 所示。

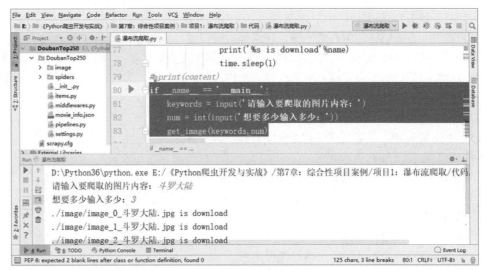

图 7-16　输入抓取的页数

7.2　实战案例 2：网络爬虫攻防战

网络爬虫是模拟人的浏览访问行为，进行数据的批量抓取。当抓取数据量渐渐增大时，会对被访问的服务器造成很大的压力，甚至有可能会使其崩溃。换句话说，服务器不喜欢被人抓取自己的数据。那么网站方面就会针对这些网络爬虫者采用一些反爬机制。服务器其中第一种识别网络爬虫的方式便是查看连接的 UserAgent 来识别到底是浏览器访问，还是代码访问。假如是代码访问，访问量增大时，服务器就会直接封掉来访 IP。为避免被服务器直接封掉 IP，需要采用代理 IP 的方式。假如不停地使用同一个代理 IP 抓取这个网页，很有可能 IP 会被禁止访问网页，所以基本上做网络爬虫的都躲不过去 IP 的问题。

本次通过抓取新浪微博用户的公开基本信息来介绍网络爬虫攻防的一些技术，抓取内容包括微博内容、发布时间、每条微博的点赞数、评论数、转发数以及发布的微博地址等，这些信息抓取之后保存至以目标用户命名的本地文本中。首先需要确认本次选取的抓取站点 https://m.weibo.cn，抓取目标内容的第一步便是对网页信息进行分析，例如直接打开某个用户详情页面，使用开发者工具选择 Network 查看 XHR 的 Headers、Preview，为避免网络爬虫程序访问网页服务器时被检测出是网络爬虫而被禁止访问，在编辑网络爬虫的开头部分添加伪造请求头来避免检测，最后调用主函数，对目标的内容进行抓取。

7.2.1　网络爬虫攻防技术认识

如何发现一个网络爬虫？一般情况下，网站不会大量地验证用户请求，除非在访问重要数据时，有如下情况可以认为是在做网络爬虫：

（1）单一的访问频次过高，例如，普通人 10s 访问一个网页，网络爬虫 1s 访问 10 个网页。

（2）单一的 IP 出现巨大的访问流量。

（3）大量地重复简短易懂的网页浏览行为。

(4）只下载 HTML 文档，不下载 JS。
(5）在页面设置陷阱，用户看不懂，网络爬虫看得懂，如 hidden 元素类型。
(6）在页面写一段 JS 代码，浏览器直接执行，程序不会执行。

网络爬虫要想做到不被发现，可进行如下操作：
(1）多主机的策略，解决单一 IP 的问题，分布式抓取。
(2）调整访问频次，爬一会休息一下。
(3）不断切换 IP，或者直接使用 IP 代理的形式。
(4）频繁地修改 User-Agent 头。
(5）Headers 中的 Cache-Control 修改为 no-cache。
(6）当返回状态码是 403（服务器资源禁止访问）时，改变 Headers 和 IP。

1. 代理 IP

使用代理 IP 的目的如下：
(1）让服务器以为不是同一个客户端在请求。
(2）避免真实地址被泄露，避免被深究。

代理过程如图 7-17 所示。

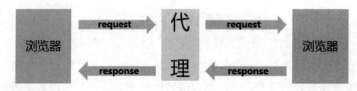

图 7-17　代理过程

正向反向代理区别如图 7-18 所示。

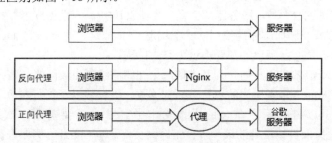

图 7-18　正向反向代理区别

（1）正向代理其实是客户端的代理，帮助客户端访问其无法访问的服务器资源。反向代理则是服务器的代理，帮助服务器做负载均衡、安全防护等。

（2）正向代理一般是客户端架设的，例如在自己的机器上安装一个代理软件。而反向代理一般是服务器架设的，例如在自己的机器集群中部署一个反向代理服务器。

（3）正向代理中，服务器不知道真正的客户端到底是谁，以为访问自己的就是真实的客户端。而在反向代理中，客户端不知道真正的服务器是谁，以为自己访问的就是真实的服务器。

（4）正向代理和反向代理的作用和目的不同。正向代理主要用来解决访问限制问题，而反向代理则是提供负载均衡、安全防护等作用。二者均能提高访问速度。

代理的使用代码如下：

```
proxies = {
```

```
"http" : "http://12.34.56.79:9527",
"https" : "https://12.34.56.79.9527",
}
```

2. Cookie 池

大多数的时候，在抓取没有登录的情况下，也能够访问一部分页面或请求一些接口，因为毕竟网站本身需要做 SEO，不会对全部页面都设置登录限制。

然而，不登录直接抓取会有一些弊端，主要有以下两点：

（1）设置登录限制的页面无法抓取，例如某论坛设置登录才可查看资源，某博客设置登录才可查看全文等，这些页面都需要登录账号才能够查看和抓取。

（2）一些页面和接口尽管能够直接请求，然而请求一旦频繁，访问就很容易被限制或者 IP 直接被封，但是登录之后就不会出现这样的问题，因而登录之后被反爬的可能性相对更低。

Cookies 的架构和代理池类似，同样是四个核心模块，Cookies 池架构基本模块如图 7-19 所示。

图 7-19　Cookies 池架构基本模块

Cookies 池架构的基本模块分为四块：存储模块、生成模块、检测模块、接口模块。每个模块的功能如下：

（1）存储模块负责存储每个账号的用户名密码以及每个账号对应的 Cookies 信息，同时还需要提供一些方法来实现方便的存取操作。

（2）生成模块负责生成新的 Cookies。此模块会从存储模块——拿取账号的用户名和密码，而后模拟登录目标页面，判别登录成功，就把 Cookies 返回并交给存储模块存储。

（3）检测模块需要按时检测数据库中的 Cookies。在这里需要设置一个检测链接，不同的站点检测链接是有所差别的，检测模块会一一拿取账号对应的 Cookies 去请求链接，假如返回的状态是有效的，那么此 Cookies 没有失效，否则 Cookies 失效并移除。接下来等待生成模块重新生成便可。

（4）接口模块需要用 API 来提供对外服务的接口。因为可用的 Cookies 可能有多个，能够随机返回 Cookies 的接口，这样保证每个 Cookies 都有可能被取到。Cookies 越多，每个 Cookies 被取到的概率就会越小，从而达到降低被封号的风险。

3. 登录验证（验证码）

验证码（CAPTCHA）是 Completely Automated Public Turing test to tell Computers and Humans Apart（全自动区别计算机和人类的图灵测试）的缩写，是一种区别用户是计算机还是人的公共全自动程序。能够避免恶意破解密码、刷票、论坛灌水，有效避免某个黑客对某一个特定注册用户用特定程序暴力破解方式进行不停的登录尝试，实际上用验证码是目前很多网站通行的方式，运用比较简易的方式实现这个功能。这个问题能够由计算机生成并评判，但是必须只有人类才能解答。由于计算机无法解答验证码的问题，所以回答出问题的用户就能够被认为是人类。

常见的验证码有：图片验证码、手机短信验证码、GIF 动画验证码、图案验证码、手机语音验证码、视频验证码。

这里简单介绍一下图片验证码和滑动验证码。

1）图片验证码

下面这种验证码不用处理，直接能够用 OCR 识别技术识别，模糊验证码如图 7-20 所示，处理后的验证码如图 7-21 所示。

图 7-20　模糊验证码　　　　　　　图 7-21　处理后的验证码

经由灰度变换和二值化后，由模糊的验证码背景变成清晰可见的验证码，扭曲字母验证码如图 7-22 所示。

关于这种验证码，语言通常自带图形库，添加上扭曲就成了这个样子，能够利用大量图片进行训练，实现类似人的识别精准度，达到识别验证码的效果。

2）滑动验证码

关于滑动验证码可以采用两个步骤，分别如下：

（1）滑动按钮。

滑动按钮后惊奇地发现，右侧开始出现缺口，缺口出现，就能够知道缺口的大致位置，滑动验证码如图 7-23 所示。

图 7-22　扭曲字母验证码　　　　　　图 7-23　滑动验证码

（2）从左向右滑动到缺口位置。

能够利用图片的像素作为线索，确定好基本属性值，查看位置的差值，差值超过基本属性值，就能够确定图片的大致位置。利用 Selenium、Testng、Reporter 环境和工具，使用 Selenium 文档提供的方法来自动截取屏幕，使用 Reporter 监听器，当用例执行失败时截图，截图以出错时系统时间和出错方法的拼接命名，截图保存到项目目录下便可。

4. 用户代理

用户代理（User Agent，UA）是 HTTP 协议中的一部分，属于头域的组成部分。通俗地说，它是一种向访问网站提供所使用的浏览器类型、操作系统及版本、CPU 类型、浏览器渲染引擎、浏览器语言、浏览器插件等信息的标记。UA 字符串在每次浏览器 HTTP 请求时都会发送到服务器。

浏览器 UA 字符串的标准格式为操作系统标识、加密等级标识、浏览器语言、渲染引擎标识、版本信息，说明如下：

（1）统计用户浏览器使用情况。有些浏览器被多少人使用，实际上就能够经由判别每个 IP 地址的 UA 来确定这个 IP 地址是用什么浏览器访问的，以得到使用量的数据。

（2）按照用户使用浏览器的不同，显示不同的排版格式，从而为用户提供更好的体验。有些网站会依据这个来调整打开网站的类型，如是手机的就打开手机端网页，显示非手机的就打开计算机端页面，用手机访问谷歌和计算机访问是不一样的，这些是谷歌按照访问者的 UA 来判别的。

7.2.2 代理 IP 地址网站

本次实验使用的代理 IP 地址来自于"快代理"，网址为 https://www.kuaidaili.com/free/。

代理 IP 地址是代理服务器，功能是代理网络用户去获得网络信息。代理服务器是介于浏览器和 Web 服务器之间的一台服务器，有了它之后，浏览器不是直接到 Web 服务器去取回网页，而是向代理服务器发出请求，request 信号会先送到代理服务器，由代理服务器来取回浏览器所需要的信息并传送给浏览器，假如浏览器所请求的数据在其本机的存储器上已经存在并且是最新的，那么它就不重新从 Web 服务器取数据，而直接把存储器上的数据传送给用户的浏览器，这样就能显著提高浏览的速度和效率。

1. 打开目标代理 IP 地址网站

能够看到该网站有许多可用的代理 IP 地址以供使用，快代理 IP 地址网站如图 7-24 所示。

图 7-24 快代理 IP 地址网站

2. 抓取代理 IP 地址网站的 IP 地址

事先把该代理网站可用的免费 IP 地址抓取下来并保存到本地存放，作为后续使用，本次抓取的代理 IP 地址使用到的库的代码如下，抓取结束后，抓取代理 IP 地址的结果如图 7-25 所示。

```
import requests
import re
from multiprocessing.dummy import Pool as ThreadPool
```

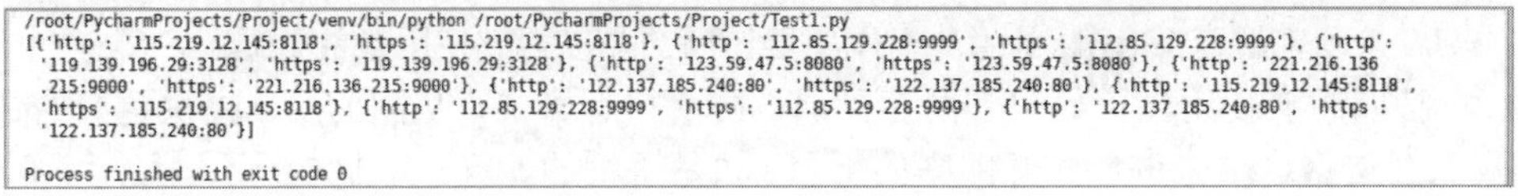
/root/PycharmProjects/Project/venv/bin/python /root/PycharmProjects/Project/Test1.py
[{'http': '115.219.12.145:8118', 'https': '115.219.12.145:8118'}, {'http': '112.85.129.228:9999', 'https': '112.85.129.228:9999'}, {'http': '119.139.196.29:3128', 'https': '119.139.196.29:3128'}, {'http': '123.59.47.5:8080', 'https': '123.59.47.5:8080'}, {'http': '221.216.136.215:9000', 'https': '221.216.136.215:9000'}, {'http': '122.137.185.240:80', 'https': '122.137.185.240:80'}, {'http': '115.219.12.145:8118', 'https': '115.219.12.145:8118'}, {'http': '112.85.129.228:9999', 'https': '112.85.129.228:9999'}, {'http': '122.137.185.240:80', 'https': '122.137.185.240:80'}]
Process finished with exit code 0

图 7-25 抓取代理 IP 地址的结果

7.2.3 抓取新浪微博内容

为测试攻防的技术，使用网络爬虫抓取新浪微博的内容。选取当前的一个流量明星的微博，采用循环抓取该明星发布的每一条微博内容，用来检测微博的反网络爬虫机制。在该技术下使用单个的代理 IP 地址以及部分的代理 IP 地址来进行测试。经由对比来对微博的反爬机制进行分析，其中采用 request、json、ssl 模块，定义页面打开函数，获得微博主页的 containerid，经由与网页源代码的分析相结合写出网络爬虫。

首先获得用户基本信息，如微博昵称、微博地址、微博头像、关注人数、粉丝数、性别等，代码如下，抓取过程展示如图 7-26 所示。

```
def get_userInfo(id):                          #定义函数经由 id 获得用户信息
  url='https://m.weibo.cn/api/container/getIndex?type=uid&value='+id
  data=use_proxy(url,proxy_addr)               #调用 URL、代理地址使用代理给 data
  content=json.loads(data).get('data')         #内容为获得到的 JS 加载数据
```

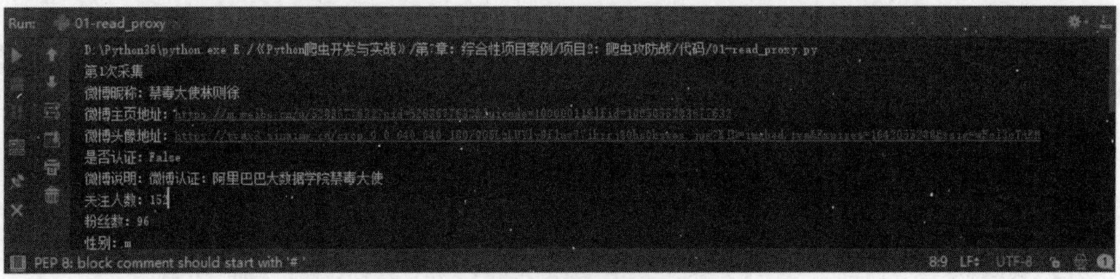
Run: 01-read_proxy
第1次采集
微博昵称: 禁毒大使林则徐
微博主页地址:
微博头像地址:
是否认证: False
微博说明: 微博认证: 阿里巴巴大数据学院禁毒大使
关注人数: 15
粉丝数: 96
性别: m
PEP 8: block comment should start with '#'

图 7-26 抓取过程展示

1）打开本次选取的目标微博

确定抓取的目标如图 7-27 所示。

2）查找微博昵称的标签地址

代码如下，昵称所在标签如图 7-28 所示。

```
name=content.get('userInfo').get('screen_name')
```

3）查找微博主页的标签地址

代码如下，主页所在标签如图 7-29 所示。

```
profile_url=content.get('userInfo').get('profile_url')
```

图 7-27　确定抓取的目标

图 7-28　昵称所在标签

图 7-29　主页所在标签

4）查找微博头像的标签地址

代码如下，头像所在标签如图 7-30 所示。

```
profile_image_url=content.get('userInfo').get('profile_image_url')
```

图 7-30　头像所在标签

5）查找微博认证的标签地址

代码如下，微博认证所在标签如图 7-31 所示。

```
verified=content.get('userInfo').get('verified')
```

图 7-31　微博认证所在标签

6）查找微博关注人数的标签地址

代码如下，关注人数所在标签如图 7-32 所示。

```
guanzhu=content.get('userInfo').get('follow_count')
```

图 7-32　关注人数所在标签

7）查找微博粉丝数的标签地址

代码如下，粉丝数所在标签如图 7-33 所示。

```
fensi=content.get('userInfo').get('followers_count')
```

图 7-33　粉丝人数所在标签

7.2.4　获得微博内容信息并保存到文本中

运行网络爬虫效果，抓取内容保存 txt 如图 7-34 所示。

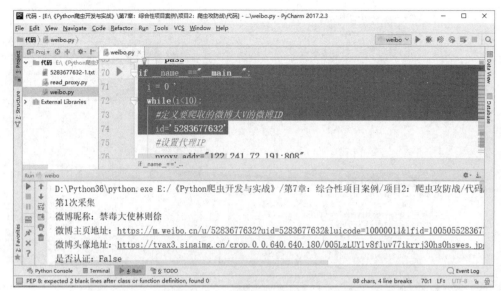

图 7-34 抓取内容保存 txt

经由固定代理 IP 地址和随机代理 IP 地址两种方式分别对目标网站内容进行抓取。

1）固定代理 IP 地址抓取代码的展示

```
def get_weibo(id, file):                          #定义函数经由 id, file 获得微博主页
    i = 1
    while True:                                   #当条件为真时，执行 while 循环语句
        url = 'https://m.weibo.cn/api/container/getIndex?type=uid&value=' + id
        #目标网站的地址加用户 id
        weibo_url = 'https://m.weibo.cn/api/container/getIndex?type=uid&value='
        +id + '&containerid=' + get_containerid(url) + '&page=' + str(i)
                                                  #微博主页内容当前页
        try:   #尝试下面的事
            data = use_proxy(weibo_url, proxy_addr)   #调用微博主页代理地址并使用代理给 data
            content = json.loads(data).get('data')    #内容为获得的 JS 加载数据
            cards = content.get('cards')              #获得内容微博条数给 cards
            if (len(cards) > 0):                      #if 判别条件
                for j in range(len(cards)):           #for 循环判别微博条数的范围
                    print("-----正在爬取第" + str(i) + "页，第" + str(j) + "条微博------")
                                                  #输出正在爬取过程的第几页，第几条微博
                    card_type = cards[j].get('card_type')   #获得微博条数给 cars_type
```

2）随机代理 IP 地址抓取代码的展示

```
if __name__ == "__main__":                        #调用主函数
    i = 0  #采集次数的初始值
    while (i < 10):                               #使用 while 进行循环抓取
        i = i + 1                                 #采集次数的累加
        print("第%d次采集" % i)
        #定义要爬取的微博大 V 的微博 ID
        id = '1776448504'
        #设置代理地址池，并每次采集时随机选择一个代理地址池
        a = random.randrange(1, 8)    #1-8 中生成随机数,代理池有几行就填几
```

```
#从文件 poem.txt 中读取第 a 行的数据
proxy_addr = linecache.getline('ip1.txt', a)    #代理地址池文件
#进行采集
file = id + "-" + str(i) + ".txt"               #抓取到本地的文件名及数量累加
get_userInfo(id)                                 #调用 id 获得用户信息
get_weibo(id, file)                              #调用 id、file 获得微博内容
```

由于抓取次数过多，导致新浪微博的反网络爬虫机制被触发，使得抓取网页时发生错误，如果为效果一，这时采用随机 IP 地址进行抓取；如果为效果二，能够看出随机 IP 地址能够避免反爬机制中的限制 IP 地址技术。所以，在日常抓取的过程中假如任务量过大，或者数据量过多，能够采用随机代理 IP 地址进行抓取。

效果一：IP 地址被禁止访问报错如图 7-35 所示。

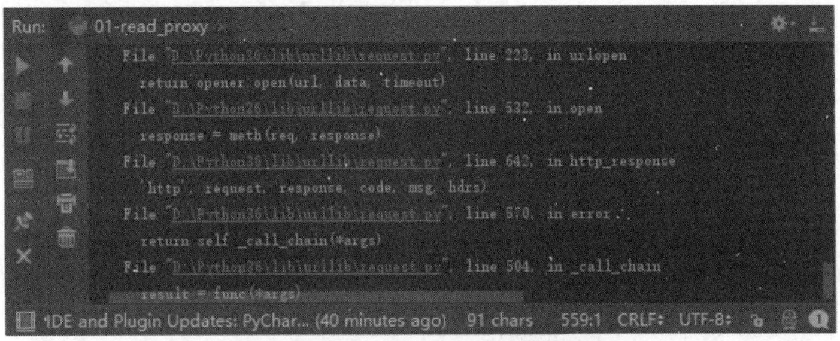

图 7-35　IP 地址被禁止访问报错

效果二：使用随机代理 IP 地址正常抓取如图 7-36 所示。

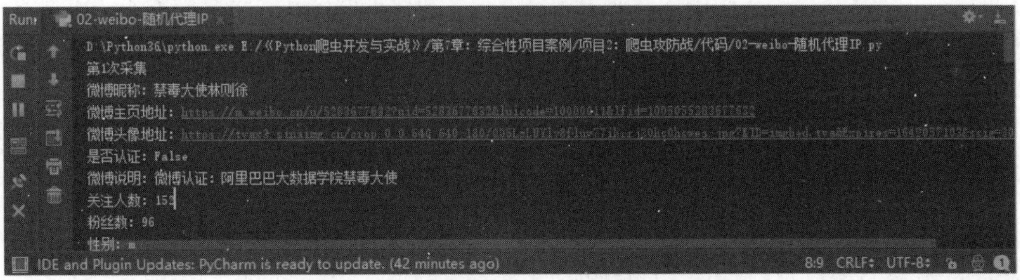

图 7-36　使用随机代理 IP 地址正常抓取

7.3　实战案例 3：分布式抓取

7.3.1　背景/案例知识介绍

1. 分布式网络爬虫

分布式网络爬虫便是多台计算机上都安装网络爬虫程序，重点是联合采集。单机网络爬虫是只在一台计算机上的网络爬虫。

其实搜索引擎都是网络爬虫，负责从世界各地的网站上抓取内容，当搜索关键词时就把相关的内容给展示出来，只不过它是较大的网络爬虫，抓取的内容量也超乎想象，也就无法再用单机网络爬虫去完成，而是使用分布式，一台服务器不行，就来 1000 台。这么多分布在各地的服

务器都是为完成网络爬虫工作的,它们互相通力合作。分布式网络爬虫架构模型如图 7-37 所示。

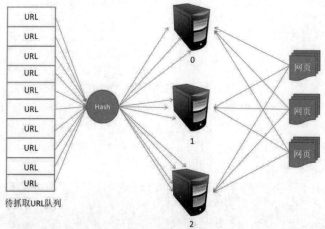

图 7-37　分布式网络爬虫架构模型

解释一下图 7-37 中每个步骤的意义。用户群访问某个网站,例如 www.baidu.com,先忽略 DNS 解析和 CDN 服务器的作用,直接请求服务器,穿过防火墙,经由负载均衡来分配用户的请求,负载能够提高整个架构的抗压和流量的负载能力,把用户请求平均分配到应用服务器,有效地解决单点失效的问题,经由应用服务器要交互的是数据层,也便是所说的 MySQL 或者 Oracle,一般在大型分布式站点中面对的都是一群数据库服务器,也是为有效防止数据库单点失效的问题,或者在大型应用中的高并发问题,以及和数据库交互的缓存服务器,还有各种类型的文件资源,不同类型的资源放在不同的服务器,从编程的角度来说这是解耦,其实从实际上来说也是解耦。大概就这么一套架构组成最理想化的分布式架构模型,其中每个环节要拿出来都是能够滔滔不绝地讨论几小时的学术问题,并且每个节点的内容也十分丰富,实现的手段也十分多样化。

2. PySpider 框架

PySpider 架构图如图 7-38 所示。

PySpider 的架构主要分为 Scheduler(调度器)、Fetcher (抓取器)、Processer (处理器)三部分。整个抓取过程受到 Monitor(监控器)的监控,抓取的结果被 Result Worker (结果处理器)处理。

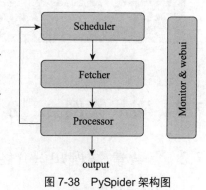

图 7-38　PySpider 架构图

PySpider 是支持 WebUI、任务监控、项目管理以及多种数据库的一个强大的网络爬虫框架。明明有 Scrapy 框架,为什么还要使用 PySpider 框架呢?

1) PySpider 的优点

(1)提供 Web 用户界面,调试网络爬虫很方便。

(2)能够很方便地进行抓取的流程监控和网络爬虫项目管理。

(3)支持常见的数据库。

(4)支持使用 PhantomJS,能够抓取 JavaScript 页面。

(5)支持优先级定制和定时抓取等功能。

2）PySpider 和 Scrapy 的对比

（1）PySpider 提供 Web 用户界面，Scrapy 采用的是代码和命令行操作，但能够经由对接 Portia 出现可视化配置。

（2）PySpider 支持 PhantomJS 来进行 JavaScript 渲染页面的采集，Scrapy 能够对接 Scrapy-Splash 组件，这需要额外配置。

（3）PySpider 中内置 PyQuery 作为选择器，而 Scrapy 接 XPath，对接 CSS 选择器和正则匹配。

（4）PySpider 的可扩展程度不高，Scrapy 能够经由对接其模块实现强大的功能，模块之间的耦合度低。

假如要快速实现一个页面的抓取，推荐使用 PySpider，开发更加便捷；假如要应对反爬程度很强、超大规模的抓取等，推荐使用 Scrapy。

3. PySpider 的安装

PySpider 的安装相对简短易懂，不需要安装一系列的依赖库，可直接使用，代码如下，安装 PySpider 如图 7-39 所示。

```
#Python2 下面安装 PySpider
pip install pyspider
#python3 下面安装 PySpider
pip3 install pyspider
```

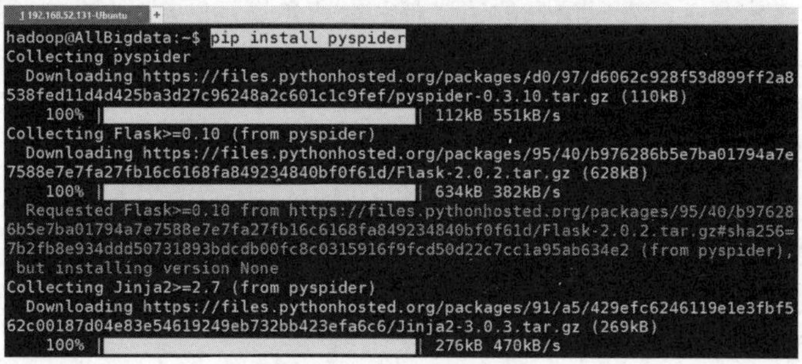

图 7-39　安装 PySpider

安装之后先验证是否安装成功，在 Linux 环境下输入 pyspider，PySpider 运行成功结果如图 7-40 所示。

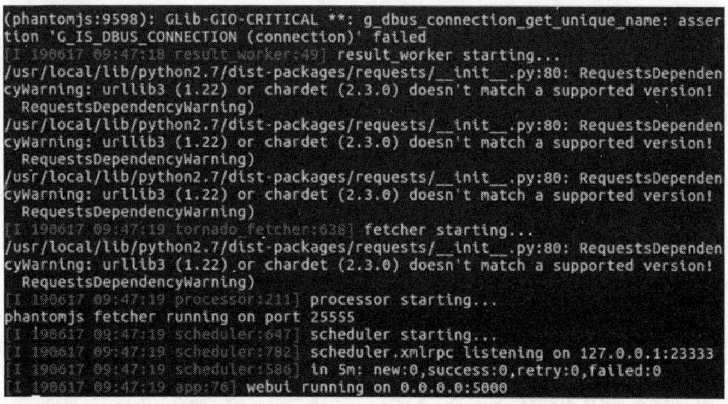

图 7-40　PySpider 运行成功结果

出现这个则说明运行成功，运行在 5000 端口，打开浏览器输入 http://localhost:5000/，PySpider 网页如图 7-41 所示。

图 7-41　PySpider 网页

4. RabbitMQ 队列

RabbitMQ 是实现高级消息队列协议的开源消息代理软件。RabbitMQ 服务器是用 Erlang 语言编辑的，而集群和故障转移是构建在开放电信平台框架上的。全部主要的编程语言均有与代理接口通信的客户端库。应用 RabbitMQ，能够根据需求选择以下五种队列的其中之一。

1）简单队列

简单队列流程图如图 7-42 所示。

图 7-42　简单队列流程图

P 表示消息的生产者；C 表示消息的消费者；深蓝色表示队列。

简短易懂队列的生产者和消费者关系一对一，但有时需要一个生产者对应多个消费者，那就能够采用第二种模式。

2）Work 模式

Work 模式架构图如图 7-43 所示。它有一个生产者和两个消费者。但 MQ 中一个消息只能被一个消费者取得。即消息要么被 C_1 取得，要么被 C_2 取得。这种模式适用于类似集群，能者多劳。性能好的能够安排多消费，性能低的能够安排低消费。但假如面对需要多数消费者都对这一消息进行消费的需求，这种模式显然就不适合。

3）订阅模式

订阅模式架构图如图 7-44 所示。

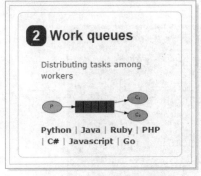

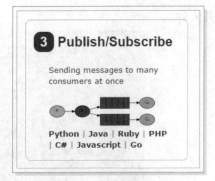

图 7-43　Work 模式架构图　　　　　图 7-44　订阅模式架构图

（1）一个生产者，多个消费者。

（2）每个消费者都有自己的一个队列。

（3）生产者没有把消息直接发送到队列，而是发送到交换机。

（4）每个队列都要绑定到交换机。

（5）生产者发送的消息经由交换机到达队列，实现一条消息被多个消费者获得的目的。

这种模式能够满足消费者发布一条消息多个消费者消费同一消息的需求，但 C_1、C_2 消费的都是相同的数据，有时需要 C_1 和 C_2 消费的消息只有部分差异，例如需求：C_1 消费增加的数据，C_2 消费编辑、增加和删除的数据。

4）路由模式

路由模式架构图如图 7-45 所示。

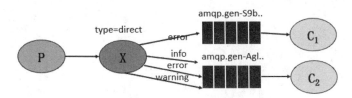

图 7-45　路由模式架构图

路由模式是对订阅模式的完善，能够在生产消息的时候加入 key 值，与 key 值匹配的消费者消费信息。但路由模式中，图 7-45 中提到的 C_1、C_2，假如 C_2 对应的类型更多，就需要写很多 key 值。但其实它只与 C_1 有一点不同。

5）通配符模式

通配符模式架构图如图 7-46 所示。

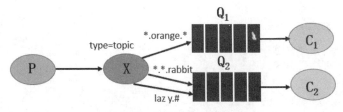

图 7-46　通配符模式架构图

通配符模式是在路由模式基础上的升级，容许 key 模糊匹配。"*"代表一个词，"#"代表一个或多个词。经由通配符模式就能够把 C_1 对应的一个 key 精确定为 item.add。而 C_2 就不需要逐个写出 key 值，而是用"item.#"替代便可。

在 Linux 环境下安装 apt，使用 apt-get 进行 RabbitMQ 安装，在安装之前，建议把 apt 源换为国内源，能够提高下载安装的速度，在终端窗口中输入如下代码，Rabbit 启动结果如图 7-47 所示。

```
sudo apt-get update
sudo apt-get install rabbitmq-server
```

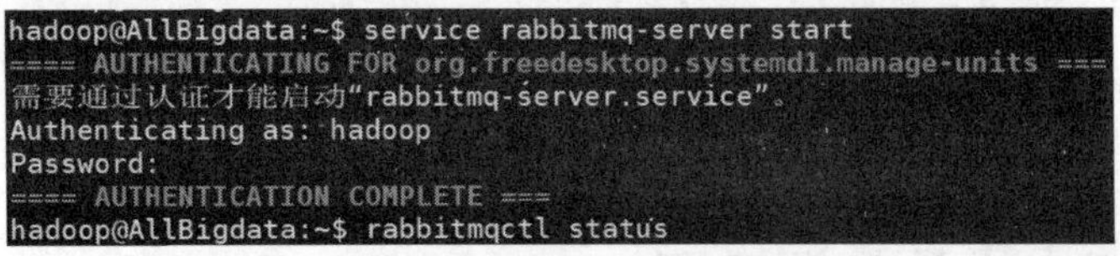

图 7-47　Rabbit 启动结果

Rabbit 服务常用的一些语法如下：

```
#启动 Rabbit 服务：
service rabbitmq-server start
```

```
#停止 Rabbit 服务：
Service rabbitmq-server stop
#后台启动：
rabbitmq-server -detached
#运行状态：
rabbitmqctl status
#添加用户：
rabbitmqctl add_user admin 123456
#删除用户：
rabbitmqctl delete_user guest
#修改密码：
rabbitmqctl change_password admin 123
#设置权限
rabbitmqctl set_user_tags admin administrator
#进入 Rabbit 安装目录：
cd /usr/lib/rabbitmq
#查看已经安装的插件：
rabbitmq-plugins list
#打开网页版控制台：
rabbitmq-plugins enable rabbitmq_management
```

输入网页访问地址 http://localhost:15672，使用默认账号 guest/guest 登录，RabbitMQ 网页如图 7-48 所示。

图 7-48　RabbitMQ 网页

7.3.2　某研究中心的数据抓取

1．案例背景

某公司想了解多个研究中心最新的数据内容，根据调研发现某些智库网站中能够获得该数据内容，并且数据处于在线更新，所以公司希望经由这些智库网站来抓取某些研究中心的最新数据内容，如国家现有的经济策略等，把获得的数据内容保存至本地，使用 Excel 进行存储。

2. 实现方案

经考虑，能够使用分布式网络爬虫技术，对多个研究中心进行数据抓取并使用 Excel 表格进行存储。在本案例中使用 PySpider 框架进行抓取，先引入所需要的库，添加伪造请求头来避开目标网站的反爬机制后，为避免抓取的内容数据过载，引入 RabbitMQ 队列对抓取的内容有序地存储，并输出结果，设置完成后对网页源码进行分析，完善该网络爬虫。

1）打开其中一个目标网站

研究中心网站如图 7-49 所示。

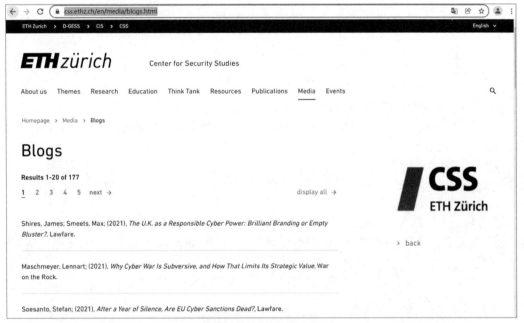

图 7-49　研究中心网站

因所抓取的网站源代码大体一致，唯一不同的就是标签的存放内容及位置，因而针对某一个单独的网站进行源文件的分析以及网络爬虫编辑。

2）添加伪造请求头

为避免网络爬虫在运行阶段出现问题，在代码的开头部分添加请求头，这里用谷歌浏览器作为例子，步骤如下：按 F12 键打开开发者工具→在窗口中选择 Network→选中 Prserver log→刷新界面，在弹出的第一个 .json 文件中选择 Headers 后能够查看到请求头，查看请求头如图 7-50 所示。

添加至网络爬虫中的代码如下：

```
crawl_config = {'headers':{'User-Agent':'Mozilla/5.0 (Windows NT 10.0; Win64; x64)
AppleWebKit/537.36 (KHTML, like Gecko) Chrome/74.0.3729.131 Safari/537.36'},'itag':'v6'}
```

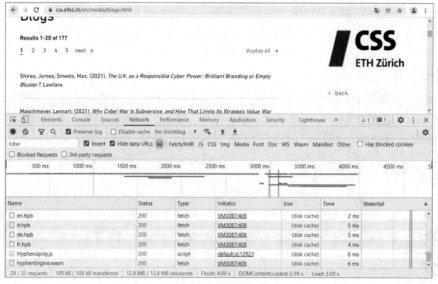

图 7-50 查看请求头

3）定义一个函数，确定爬行的 URL 地址

在添加完函数后，使用 self.crawl(url,*kwargs)来通知网络爬虫所要抓取的是哪个 URL 地址的主界面。代码如下：

```
def on_start(self):
    self.crawl(self.request_url, callback=self.index_page)
```

4）分析网页的源代码

正常情况下，抓取的内容为每一段研究数据的链接，从而去抓取该链接内的全部数据内容，使用开发者工具，能够准确地看到单个页面所存储的链接标签，研究数据所在链接如图 7-51 所示。

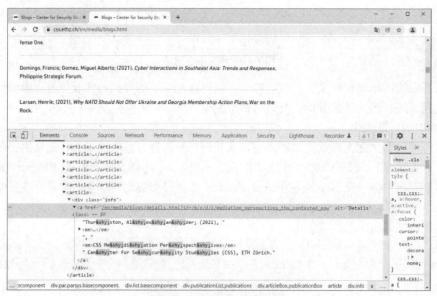

图 7-51 研究数据所在链接

从图 7-51 中能够看到，选中链接位于<div class = "info">标签中，展开后能够发现，链接的 URL 地址存放在<a>标签与<href>中，根据这些信息，使用开发者工具直接获得 xpath 表达式的写法。单击该行链接，右键能够选择复制 xpath 语法，复制链接所在 xpath 语法如图 7-52 所示。

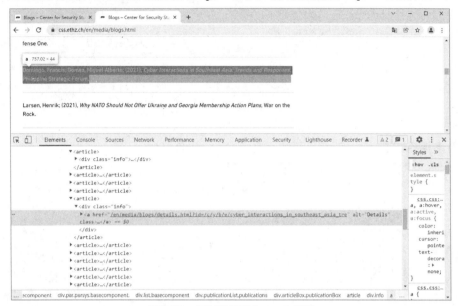

图 7-52　复制链接所在 xpath 语法

5）查看全部链接的源代码

能够发现，此网站全部链接的存放标签都在<article></article>标签当中，并且该标签内的存放位置及属性都一致，网站链接存放标签如图 7-53 所示。

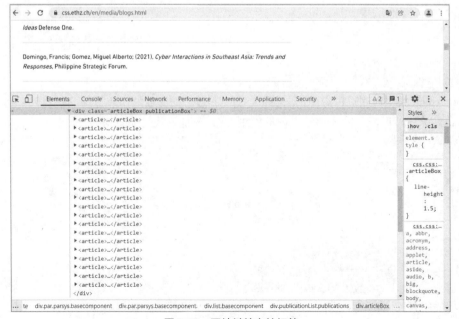

图 7-53　网站链接存放标签

6）设置 Response 对象

在 PySpider 框架中，创建完项目后会自动生成一个参数为 Response 的对象。那么需要做的便是把之前几个步骤添加至 Response 对象中，首先，需要实例化一个对象，并把 xpath 表达式嵌入当中作为选择器进行筛选，代码如下：

```
def index_page(self, response):
    selector = etree.HTML(response.text)
```

其次，在定义类的开头位置，需要添加并设置任务的有效期限，在代码中的格式为：

```
@config(age=10 * 24 * 60 * 60)    #设置任务的有效期限，在这个期限内目标抓取的网页被认为不会
                                  #进行修改
```

在添加 xpath 语法时，还需要新建一个循环体，article 标签如图 7-54 所示，所抓取的目标网站中许多标签都是一致的，重复添加会造成工作量的负担。

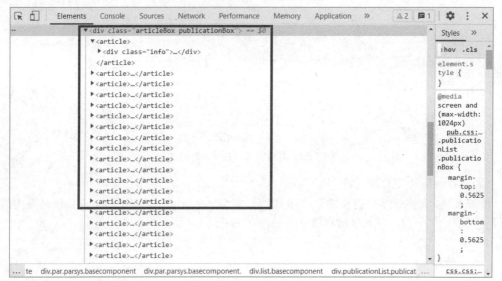

图 7-54　article 标签

7）创建循环

使用 xpath 来提取网页内容中的 selector 模块，然后把提取的内容返回的值存入 each 当中，使用 if 语句来进行匹配，匹配该站点内的前缀 URL 地址，代码如下：

```
#xpath 语法表达式
for each in selector.xpath("//div[@class='info']/a/@href"):
    if "http://" in each:          #匹配前缀为 http: //
        pass
    elif "https://" in each:       #匹配前缀为 https: //
        pass
    else:
#否则把 each 的输出格式改为 URL 地址+each 值
        each="http://www.css.ethz.ch"+each
    print each                     #输出 each 值
```

循环后得到的 each 值，使用 self.crawl 参数通知网络爬虫要抓取的 URL 的目标 URL 地址，以及抓取的是哪个 URL 的主界面。

8)设置优先级并保存文本数据

需要设置一个优先级来设置保存数据的顺序,在自动生成的代码中添加如下代码:

```
@config(priority=1)    #设置优先级
```

接下来创建一个实例对象,命名为 etree,用于保存研究中心的文本、标题等数据,另外在上一步还创建一个 dic 的函数来进行存储,代码如下:

```
def detail_page(self, response):           #获得文章标题、文章内容、时间等
    dic = {}
    selector = etree.HTML(response.text) #创建实例对象 etree
```

首先,需要单击链接中的文章来查看研究中心研究的文本数据,而后使用 xpath 语法来进行抓取,文本数据所在标签如图 7-55 所示。

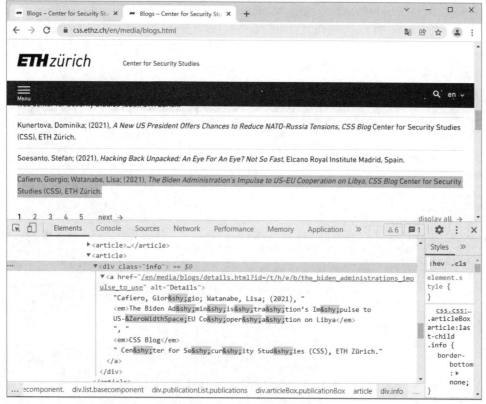

图 7-55　文本数据所在标签

从图 7-55 中能够看到,文章内容被保存在<div class ="abstract">...</div>标签中,依旧选择开发者工具→点击右键 copy xpath 语法表达式,得到如下语法格式:

```
//div[@class='abstract']/text()    #xpath 表达式
```

针对每个链接创建循环并设置异常处理,把 xpath 语法嵌入循环中,在进行抓取的过程中如无错误,则把值赋予 y,并添加空行来对抓取下来的文本数据进行排版,在保存数据时,使用 replace('\n','')把换行符替换成空,如在执行过程中遇到异常问题,则把循环去掉。代码如下:

```
x=""
try:
    for y in selector.xpath("//div[@class='abstract']/text()"):  #循环抓取文章文本内容
```

```
                         #的 xpath 语法
        x=x+y            #把抓取的 y 值添加至 x
    if "\n" in x:
        x=x.replace("\n","").strip()
except:                  #异常处理
    pass
```

再把循环后 x 的值存储至 dic 函数中,方便后续的打印,而为方便区分各个区块的内容,文本存储的 dic 添加一个后缀['en_abstract'],代码如下:

```
dic['en_abstract']=x
dic['enx_abstract']=x
```

9）抓取标题信息

查看标题内容的 xpath 语法方式是一致的,打开开发者工具,使用 copy xpath 格式来进行复制,首先查看标题的标签位置在网页中的哪个部分,标题所在标签如图 7-56 所示。

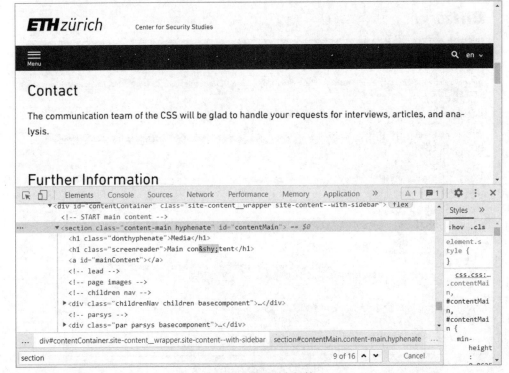

图 7-56　标题所在标签

要注意,标签 id 要分清楚,避免在使用 xpath 语法进行抓取的时候找不到目标标签的内容。而在抓取标题时设置 UTF-8 的中文编码,避免抓取的数据内存在中文导致乱码,代码如下:

```
try:
    title=selector.xpath("//section[@id='contentMain']/h1/text()")
    if len(title):                          #循环抓取整个网站的内容
        itle=title[0].encode("UTF-8")       #设置 UTF-8 中文编码,避免数据生成乱码
    else:
        Title=""
except:
    Title=""
```

采用同样的步骤，在抓取完后把 title 的值保存至 dic 函数中，在 dic 上添加['enx_title']来区别存储内容，代码如下：

```
dic['enx_title'] =Title   #存储文章标题
dic['en_title'] =Title
```

10）抓取作者信息

步骤与先前一致，先从网页中查看存放作者的标签位置在哪里，再从中分析出 xpath 语法表达式的写法。能够得出 xpath 语法表达式的写法为//div[@class='pub_data']/p/text()，作者信息如图 7-57 所示。

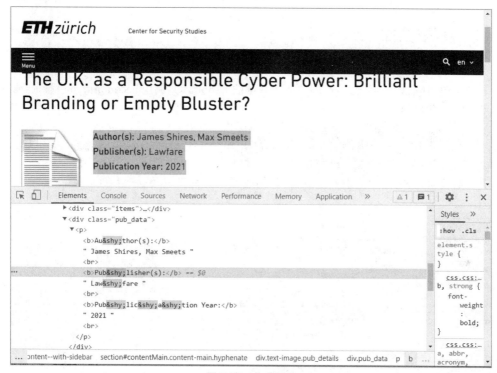

图 7-57　作者信息

创建循环体，把作者所存放的标签内容反复抓取，并设置 replace('\n','')把换行符替换成空。代码如下：

```
try:
    author=selector.xpath("//div[@class='pub_data']/p/text()")
    if len(author):
        Author=author[1]
        Date=author[-2]
        if "\n" in Author:
            Author=Author.replace("\n","")   #设置换行符
    else:
        Author=""
        Date=""
except:
    Author=""
    Date=""
```

11）打印功能

在设置完后,需要把全部抓取的信息内容进行输出打印,而区分不同抓取内容能够直接使用输出 dic 函数进行,格式如下:

```
print "dic['enx_abstract']",dic['enx_abstract']    #打印文章内容
print "dic['picture']",dic['picture']
print "dic['enx_title']",dic['enx_title']          #打印标题内容
print "dic['date']",dic['date']                    #打印作者信息
print "dic['en_Author']",dic['en_Author']          #打印作者
print dic                                          #打印全部
```

7.3.3 查看效果

1. 添加 RabbitMQ 队列

在抓取时,还需要使用到队列,即前面所介绍的 RabbitMQ,调用 accoutinfo 来进行 RabbitMQ 的队列使用,代码如下:

```
def __init__(self):
    self.accoutinfo = {}
    file_object = open('/home/hotspot_queue.txt')
```

并且需要新建 RabbitMQ 的连接信息,包括地址、连接账号、连接等,创建连接信息如图 7-58 所示。

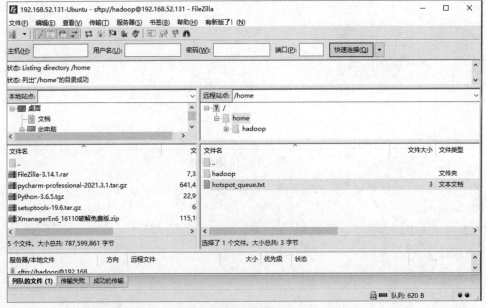

图 7-58 创建连接信息

2. 连接 RabbitMQ

根据上一步创建的文本信息,编辑相对应的代码,以便于 RabbiMQ 进行连接,代码如下:

```
#self.dir_path = DIR_PATH
#连接用户名
self.rabbit_username = self.accoutinfo[0]
```

```
        #连接密码
        self.rabbit_password = self.accoutinfo[1]
        self.request_url = 'https://www.css.ethz.ch/en/media/blogs.html'
        #定义一个计数整型变量，并赋值为1
        self.total_num = 1
        #设置抓取时间
        self.delay_time = 1 * 60
        self.page_num = 1
        self.credentials = pika.PlainCredentials(self.rabbit_username, self.rabbit_password)
```

3. 代码整合

完整的代码如下：

```
from pyspider.libs.base_handler import *
from lxml import etree
from pyspider.database.MySQL.MySQLdb import ToMySQL
import pika
import datetime
class Handler(BaseHandler):
    crawl_config = {'headers':{'User-Agent':'Mozilla/5.0 (Windows NT 6.1; WOW64; rv:50.0) Gecko/20100101 Firefox/50.0'},'itag':'v6'
    }
    def __init__(self):
        self.accoutinfo = {}
        file_object = open('/home/hotspot_queue.txt')
        try:
            #list_of_all_the_lines = file_object.readlines()
            #self.accoutinfo={}
            i = 0
            for line in file_object:
                self.accoutinfo[i] = line.strip('\n')
                print self.accoutinfo[i]
                i = i + 1
        finally:
            file_object.close()
        #self.dir_path = DIR_PATH
        #连接用户名
        self.rabbit_username = self.accoutinfo[0]
        #连接密码
        self.rabbit_password = self.accoutinfo[1]
        #创建队列抓取的URL地址
        self.request_url = 'http://www.css.ethz.ch/en/media/blogs.html'
        #定义一个计数整型变量，并赋值为1
        self.total_num = 1
        #设置抓取时间
        self.delay_time = 1*60
        #self.page_num = 1
        self.credentials = pika.PlainCredentials(self.rabbit_username, self.rabbit_password)
    @every(minutes=24*60)
    def on_start(self):
        self.crawl(self.request_url, callback=self.index_page)
    #get the url of the detail pages
```

```python
    @config(age=10*60*60)                          #设置任务的有效期限
    def index_page(self, response):                #设置参数为 Response 对象
        selector = etree.HTML(response.text)       #实例化一个对象
        #xpath 语法表达式
        for each in selector.xpath("//div[@class='info']/a/@href"):
            if "http://" in each:                  #匹配前缀为 http://
                pass
            elif "https://" in each:               #匹配前缀为 https://
                pass
            else:
                each="http://www.css.ethz.ch"+each #否则把 each 的输出格式改为 URL 地址+each 值
            print each                             #输出 each 值
            self.crawl(each, callback=self.detail_page,auto_recrawl=True) \
    #get detail data from detail pages
    @config(priority=1)                            #设置优先级
    def detail_page(self, response):
        dic = {}
        selector = etree.HTML(response.text)
        #文本
        x=""
        try:
            #循环抓取文章文本内容的 XPath 语法
            for y in selector.xpath("//div[@class='abstract']/text()"):
                #把抓取的 y 值添加至 x
                x=x+y
            if "\n" in x:
                x=x.replace("\n","").strip()
        #异常处理
        except:
            pass
        dic['en_abstract']=x
        dic['enx_abstract']=x
        try:
            #循环抓取文章标题内容
            title=selector.xpath("//section[@id='contentMain']/h1/text()")
            if len(title):
                #设置中文编码,避免结果生成乱码
                Title=title[0].encode("utf8")
            else:
                Title=""
        except:
            Title=""
        #存储文章标题
        dic['enx_title'] =Title
        dic['en_title'] =Title
        #作者
        try:
            #设置抓取作者标签的 xpath 表达式
            author=selector.xpath("//div[@class='pub_data']/p/text()")
            if len(author):
                #设置抓取的作者内容
                Author=author[1]
```

```
                Date=author[-2]
                if "\n" in Author:
#设置换行符
                    Author=Author.replace("\n","")
            else:
                Author=""
                Date=""
        except:
            Author=""
            Date=""
        dic['en_Author'] =Author
        dic['date'] = Date.strip()
        try:
            dic['tage_date']=datetime.datetime.strptime(dic['date'],'%Y')
            dic['tage_date1']=datetime.datetime.strptime(dic['date'],'%Y')
            print(dic['tage_date1'])
        except:
            pass
        print "dic['enx_abstract']",dic['enx_abstract']
        print "dic['picture']",dic['picture']
        print "dic['image_name']",dic['image_name']
        print "dic['enx_title']",dic['enx_title']
        print "dic['date']",dic['date']
        print "dic['keyword']",dic['keyword']
        print "dic['en_Author']",dic['en_Author']
        print dic
```

4. 效果查看

整合完成后，单击 PySpider 框架上的 Save 按钮进行保存，然后单击左侧的 Run 按钮进行抓取，查看抓取的数据内容是否有输出，运行网络爬虫如图 7-59 所示。

图 7-59　运行网络爬虫

能够看到，所抓取的文章内容、作者信息以及标题都输出来了。而要注意的是，这里使用的还是单向抓取，那么，如何实现分布式呢？这时就需要创建多台服务器进行抓取，使用多个服务器通过统一管理这一整套系统，这里要用到所搭建的队列服务，经由队列对每个服务器分发任务，避免全部服务器产生混乱，导致抓取的过程中出现混乱。

7.4 实战案例4：微信公众号文章点赞阅读数抓取

7.4.1 所运用的内容讲解

1. 使用到的库

这里使用到的 Python 的库有 PyMySQL、datetime、time、os 等。这里导入使用的第三方库，代码如下：

```
#-*- coding:utf-8 -*-
import time
import PyMySQL
import os
from appium import webdriver
import datetime
```

先连接 MySQL 数据库，代码如下：

```
#connect MySQL
db = PyMySQL.connect (
    host='localhost',
    port=3306,
    user='root',
    passwd='123456',
    db='spider'
)
cursor = db.cursor ()
```

运行之后，假如能正常运行，代表成功引用了 PyMySQL 库。

2. 使用 Fiddler 抓取 HTTPS 页面

（1）要到 Fiddler 的官网去下载安装包，链接为 https://www.telerik.com/download/fiddler，Fiddler 官网如图 7-60 所示。

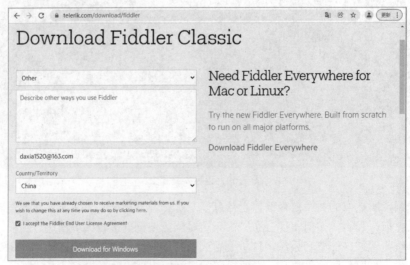

图 7-60 Fiddler 官网

（2）下载完成后单击安装，安装完毕之后启动，Fiddler 主界面如图 7-61 所示。

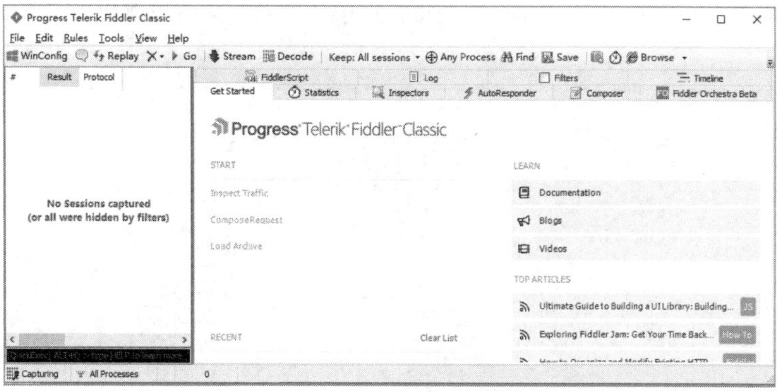

图 7-61　Fiddler 主界面

（3）单击 Tools→Options→HTTPS，勾选 Decrypt HTTPS traffic 复选框，还有 Ignore server certificate errors(unsafe)和 Check for certificate revocation 复选框，单击 Actions，单击 Trust Root Certiface，之后跟着提示单击"确定"按钮，并导出证书到桌面，设置 HTTPS 如图 7-62 所示。

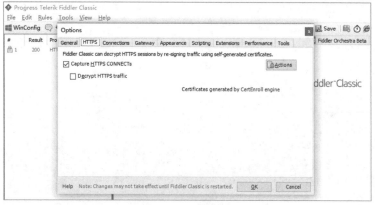

图 7-62　设置 HTTPS

（4）单击窗体的 Connections 选项，勾选 Allow remote computers to connect 复选框，而后单击 OK 按钮，配置链接相关选项如图 7-63 所示。

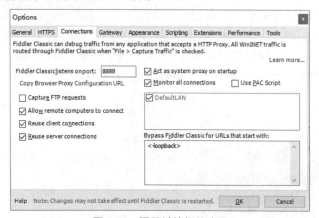

图 7-63　配置链接相关选项

3. 修改 Fiddler 的抓包规则

单击窗体的 Rules→Customize Rules 选项进入自定义规则的窗口，自定义规则如图 7-64 所示。

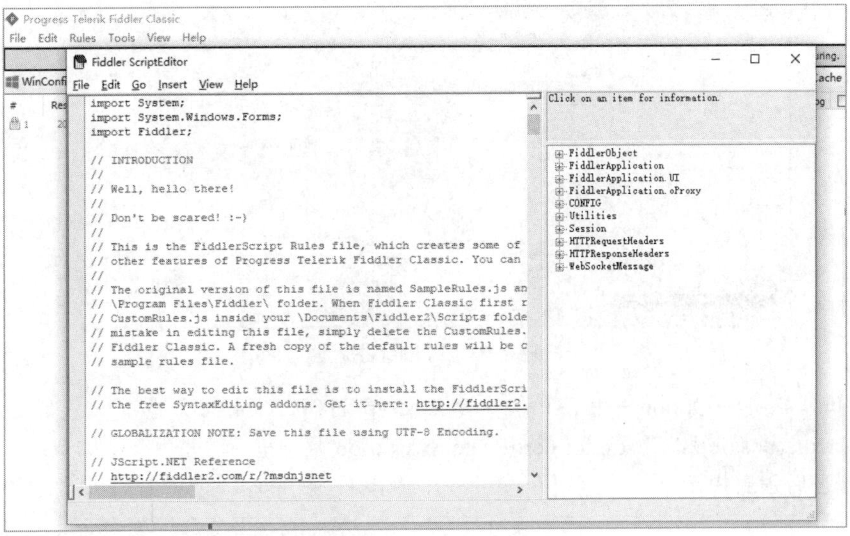

图 7-64　自定义规则

找到里面的 onbefore request 这个类，在末尾添加如下代码：

```
if (oSession.fullUrl.Contains("/mp/getappmsgext"))
    {
        var fso;
        var file;
        fso = new ActiveXObject("Scripting.FileSystemObject");
        //文件保存路径，可自定义
file=fso.OpenTextFile("这里创建一个文件夹，填写路径\\sessions.txt",2 ,true, true);
        file.writeLine("Request url: " + oSession.url);
        file.writeLine("Request header:" + "\n" + oSession.oRequest.headers);
        file.writeLine("Request body: " + oSession.GetRequestBodyAsString());
        file.writeLine("\n");
        file.close();
    }
```

这段代码的作用是截取抓取的网页记录，当其中包含/mp/getappmsgext 时，自动把该条数据记录请求的 Request url、Request header、Request body 保存到建立的记事本中。

这里使用 Python 的 index 函数提取其中的参数，其中需要提取的参数有 Idx、cookie、mid、__biz、sn、appmsg_type、is_only_read、appmsg_token，并且把这些参数存入 MySQL 数据库，代码如下：

```
with open ('C:\\Users\\Administrator\\Desktop\\study\\untitled\\sessions.txt', 'r', encoding='utf-16') as f:
    data = f.read ()
    print (data)
    num0 = data.index ('appmsg_token', 0)
    num1 = data.index ('&', num0)
    appmsg_token = data[num0 + 13:num1]
    num2 = data.index ('biz', data.index ('Request body', 0))
```

```
        num3 = data.index ('&', num2)
        __biz = data[num2 + 4:num3]
        num10 = data.index ("mid", 0)
        num11 = data.index ("&", num10)
        mid = data[num10 + 4:num11]
        num4 = data.index ('sn', 0)
        num5 = data.index ('&', num4)
        sn = data[num4 + 3:num5]
        num6 = data.index ("idx", 0)
        num7 = data.index ("&", num6)
        idx = data[num6 + 4:num7]
```

7.4.2 抓取微信公众号文章的评论数据

1. 案例背景

在日常使用微信手机客户端查看微信公众号文章的时候,把文章拉到底部,就能够看到这篇文章的阅读数、在看数,还有一堆评论信息,但是一旦在浏览器打开该 URL,就无法看到这些信息了,目前某公司为了跟踪观察微信公众号文章的这些信息,在仅提供 URL 的情况下,想直接获得该篇文章的评论数、点赞数、在看数,但是直接经由浏览器输入无法获得这些信息,目前要经由 Python 实现这个公众号信息的抓取。

2. 实现方案

经由测试,发现只有在微信的客户端(手机客户端、计算机客户端)里面单击 URL,使用微信自带的浏览器浏览微信公众号文章,才能够获得所需要的评论数、点赞数、在看数,因而能够在微信计算机客户端里面单击传入的 URL 链接,而后经由 Fiddler 抓包工具抓包进行分析,最后利用 Python 代码构造 POST 请求,携带 Cookie 获得 JSON 数据包,往 http://mp.weixin.qq.com/mp/getappmsgext 这个链接发送 POST 请求便可返回 JSON 数据包,解析后得到所需要的数据。

1)登录微信计算机客户端

使用一个微信账号登录微信计算机客户端,把需要抓取的微信公众号文章的 URL 输入微信的微信文件传输助手,这里需要抓取的文章 URL 链接是 https://mp.weixin.qq.com/s/Z3hQoVMpz0qbQDVTb0OWFA。

2)保存 Request body 和 Request head

修改 Fiddler 抓包工具的抓包规则库,进行二次开发,使得能够把特定 URL 的 Request body 和 Request head 保存在一个记事本之中,修改抓包规则库如图 7-65 所示。

```
if (oSession.fullUrl.Contains("/mp/getappmsgext"))
{
    var fso;
    var file;
    fso = new ActiveXObject("Scripting.FileSystemObject");
    //文件保存路径,可自定义
    file=fso.OpenTextFile("这里创建一个文件夹,填写路径\\sessions.txt",2,true, true);
    file.writeLine("Request url: " + oSession.url);
    file.writeLine("Request header:" + "\n" + oSession.oRequest.headers);
    file.writeLine("Request body: " +
```

图 7-65 修改抓包规则库

存储在记事本的数据如图 7-66 所示。

图 7-66 存储在记事本的数据

3）获得 POST 请求参数接口

打开第三方页面请求网页，测试获得微信公众号数据文章的 POST 请求所需要的参数接口，这里使用了控制变量法，模拟发送 POST 请求如图 7-67 所示。

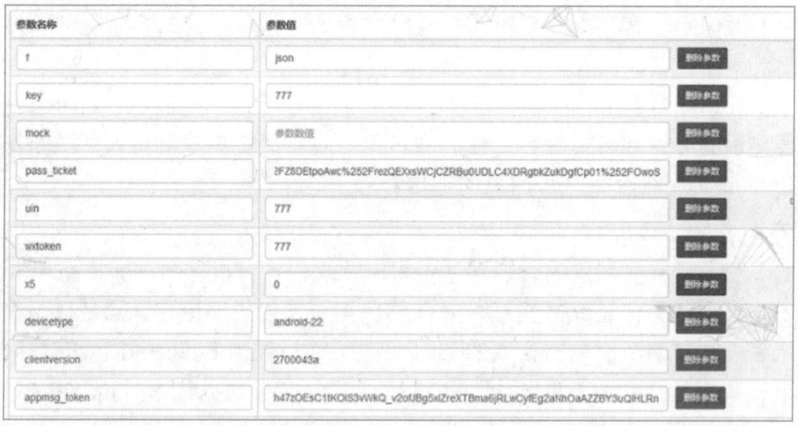

图 7-67 模拟发送 POST 请求

经由测试，获得 JSON 数据包所需要的参数，参数与参数值如图 7-68 所示。

图 7-68 参数与参数值

4）访问待测文章

微信公众号文章如图 7-69 所示。

图 7-69 微信公众号文章

5）编辑代码，读入记事本文件

编辑相对应的 Python 分割代码，读入记事本文件，获得记事本中保存的 POST 请求参数，代码如下：

```
with open ('C:\\Users\\Administrator\\Desktop\\study\\untitled\\sessions.txt', 'r', encoding='utf-16') as f:
    data = f.read ()
    print (data)
    num0 = data.index ('appmsg_token', 0)
    num1 = data.index ('&', num0)
    appmsg_token = data[num0 + 13:num1]
    num2 = data.index ('biz', data.index ('Request body', 0))
    num3 = data.index ('&', num2)
    __biz = data[num2 + 4:num3]
    num10 = data.index ("mid", 0)
    num11 = data.index ("&", num10)
    mid = data[num10 + 4:num11]
    num4 = data.index ('sn', 0)
    num5 = data.index ('&', num4)
    sn = data[num4 + 3:num5]
    num6 = data.index ("idx", 0)
    num7 = data.index ("&", num6)
    idx = data[num6 + 4:num7]
    num8 = data.index ("appmsg_type", 0)
    num9 = data.index ("&", num8)
    appmsg_type = data[num8 + 12:num9]
    num12 = data.index ("is_only_read", 0)
    num13 = data.index ("&", num12)
    is_only_read = data[num12 + 13:num13]
    num14 = data.index ("Cookie:", 0)
    num15 = data.index ("\n", data.index ("wap_sid2", num14))
    Cookie = data[num14 + 8:num15]
```

6）创建数据表

使用 navicat 可视化操作创建一个记录这些参数的数据表，数据库表结构如图 7-70 所示。

7）存储获得的数据

把从记事本中利用分割函数获得的数据存入所创建的数据表中，数据存储到数据库如图 7-71 所示。

图 7-70 数据库表结构

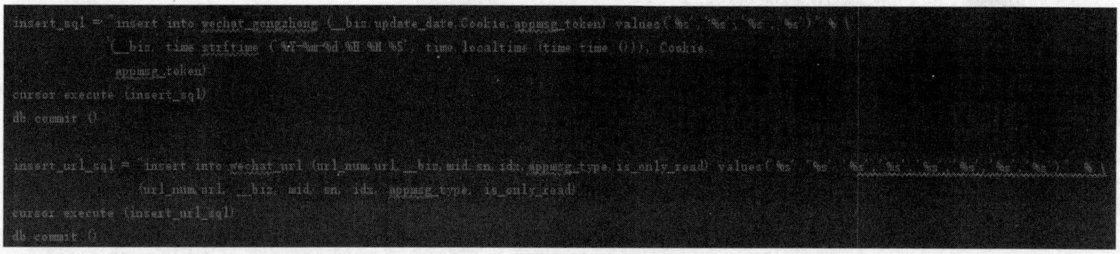

图 7-71 数据存储到数据库

8）获得 JSON 数据包

根据保存到数据库中的数据，从数据库中编辑函数取出参数，用以构建 POST 请求，尝试获得 JSON 数据包，代码如下：

```
#从数据库中调用参数
headers = {
        "User-Agent": "Mozilla/5.0 (Windows NT 10.0; WOW64) AppleWebKit/537.36 
(KHTML, like Gecko) Chrome/53.0.2785.116 Safari/537.36 QBCore/3.53.1159.400 QQBrowser/
9.0.2524.400 Mozilla/5.0 (Windows NT 6.1; WOW64) AppleWebKit/537.36 (KHTML, like Gecko) 
Chrome/39.0.2171.95 Safari/537.36 MicroMessenger/6.5.2.501 NetType/WIFI WindowsWechat",
        "Cookie": get_cookie (url)
        }
params = {
        "appmsg_token": get_appmsg_token (url),
        "__biz": get_biz (url),
        "mid": get_mid (url),
        "sn": get_sn (url),
        "idx": get_idx (url),
        "appmsg_type": get_appmsg_type (url),
        "is_only_read": get_is_only_read (url)
}
#向网站发送 POST 请求，得到数据包
print (time.strftime ('%Y-%m-%d %H:%M:%S', time.localtime (time.time ())))
null_list=[]
content = requests.post (amount_url, headers=headers, params=params)
a = content.json ()
print (a)
```

9）获得 JSON 数据包并解析

获得 JSON 数据包之后，解析其中的数据，完成微信公众号文章的抓取，解析 JSON 数据如图 7-72 所示。

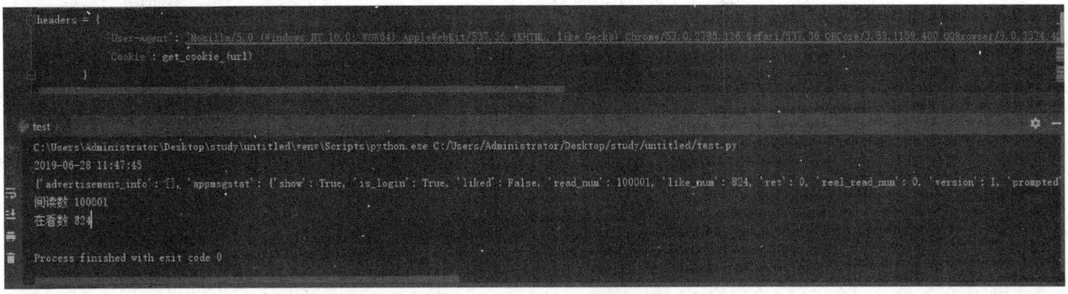

图 7-72　解析 JSON 数据

10）整合代码，开始抓取

```
#-*- coding:UTF-8 -*-
import time
import PyMySQL
import requests
def get_biz(source_url):
    find_biz="select __biz from wechat_url_ where url='%s'"% source_url
    cursor.execute(find_biz)
    result=cursor.fetchone()
    return result
def get_mid(source_url):
    find_mid="select mid from wechat_url_ where url='%s'"% source_url
    cursor.execute (find_mid)
    result = cursor.fetchone ()
    return result[0]
def get_sn(source_url):
    find_sn = "select sn from wechat_url_ where url='%s'" % source_url
    cursor.execute (find_sn)
    result = cursor.fetchone ()
    return result[0]
def get_idx(source_url):
    find_idx = "select idx from wechat_url_ where url='%s'" % source_url
    cursor.execute (find_idx)
    result = cursor.fetchone ()
    return result[0]
def get_appmsg_type(source_url):
    find_appmsg_type = "select appmsg_type from wechat_url_ where url='%s'" % source_url
    cursor.execute (find_appmsg_type)
    result = cursor.fetchone ()
    return result[0]
def get_is_only_read(source_url):
    find_is_only_read = "select is_only_read from wechat_url_ where url='%s' %
```

```
source_url
        cursor.execute (find_is_only_read)
        result = cursor.fetchone ()
        return result[0]
    def get_appmsg_token(source_url):
        find_appmsg_token="select appmsg_token from wechat_gongzhong_ where wechat_gongzhong_.__biz=(select __biz from wechat_url_ where url='%s')"% source_url
        cursor.execute (find_appmsg_token)
        result = cursor.fetchone ()
        return result[0]
    def get_cookie(source_url):
        find_cookie = "select Cookie from wechat_gongzhong_ where wechat_gongzhong_.__biz=(select __biz from wechat_url_ where url='%s')" % source_url
        cursor.execute (find_cookie)
        result = cursor.fetchone ()
        return result[0]
    #connect mysql
    db=PyMySQL.connect(
        host='localhost',
        port=3306,
        user='root',
        passwd='q5205520',
        db='spider_'
    )
    cursor=db.cursor()
    #发送 POST 请求的网站
    amount_url="http://mp.weixin.qq.com/mp/getappmsgext"
    #待抓取的 URL 文章
    url="https://mp.weixin.qq.com/s/Z3hQoVMpz0qbQDVTb0OWFA"
    url_num="00001"
    #打开记事本，做文本分割，并把参数保存到数据库中
    '''
    with   open   ('C:\\Users\\Administrator\\Desktop\\study\\untitled\\sessions.txt','r',encoding='utf-16') as f:
        data = f.read ()
        print (data)
        num0 = data.index ('appmsg_token', 0)
        num1 = data.index ('&', num0)
        appmsg_token = data[num0 + 13:num1]
        num2 = data.index ('biz', data.index ('Request body', 0))
        num3 = data.index ('&', num2)
        __biz = data[num2 + 4:num3]
        num10 = data.index ("mid", 0)
        num11 = data.index ("&", num10)
        mid = data[num10 + 4:num11]
        num4 = data.index ('sn', 0)
        num5 = data.index ('&', num4)
        sn = data[num4 + 3:num5]
```

```
        num6 = data.index ("idx", 0)
        num7 = data.index ("&", num6)
        idx = data[num6 + 4:num7]
        num8 = data.index ("appmsg_type", 0)
        num9 = data.index ("&", num8)
        appmsg_type = data[num8 + 12:num9]
        num12 = data.index ("is_only_read", 0)
        num13 = data.index ("&", num12)
        is_only_read = data[num12 + 13:num13]
        num14 = data.index ("Cookie:", 0)
        num15 = data.index ("\n", data.index ("wap_sid2", num14))
        Cookie = data[num14 + 8:num15]
        insert_sql = "insert into wechat_gongzhong_ (__biz,update_date,Cookie,appmsg_token) values('%s','%s','%s','%s')" % \
                    (__biz, time.strftime ('%Y-%m-%d %H:%M:%S', time.localtime (time.time ())), Cookie,
                    appmsg_token)
        cursor.execute (insert_sql)
        db.commit ()
        insert_url_sql = "insert into wechat_url_ (url_num,url,__biz,mid,sn,idx,appmsg_type,is_only_read) values('%s','%s','%s','%s','%s','%s','%s','%s')" % \
                        (url_num,url, __biz, mid, sn, idx, appmsg_type, is_only_read)
        cursor.execute (insert_url_sql)
        db.commit ()
    '''
    #从数据库中调用参数
    headers = {
            "User-Agent": "Mozilla/5.0 (Windows NT 10.0; WOW64) AppleWebKit/537.36 
(KHTML, like Gecko) Chrome/53.0.2785.116 Safari/537.36 QBCore/3.53.1159.400 QQBrowser/
9.0.2524.400 Mozilla/5.0 (Windows NT 6.1; WOW64) AppleWebKit/537.36 (KHTML, like Gecko) 
Chrome/39.0.2171.95 Safari/537.36 MicroMessenger/6.5.2.501 NetType/WIFI WindowsWechat",
            "Cookie": get_cookie (url)
        }
    params = {
            "appmsg_token": get_appmsg_token (url),
            "__biz": get_biz (url),
            "mid": get_mid (url),
            "sn": get_sn (url),
            "idx": get_idx (url),
            "appmsg_type": get_appmsg_type (url),
            "is_only_read": get_is_only_read (url)
        }
    #向网站发送POST请求，得到数据包
    print (time.strftime ('%Y-%m-%d %H:%M:%S', time.localtime (time.time ())))
    null_list=[]
    content = requests.post (amount_url, headers=headers, params=params)
    a = content.json ()
    print (a)
```

```
print("阅读数",a["appmsgstat"]["read_num"])
print("在看数",a["appmsgstat"]["like_num"])
```

7.4.3 效果展示

抓取过程如图 7-73 所示。

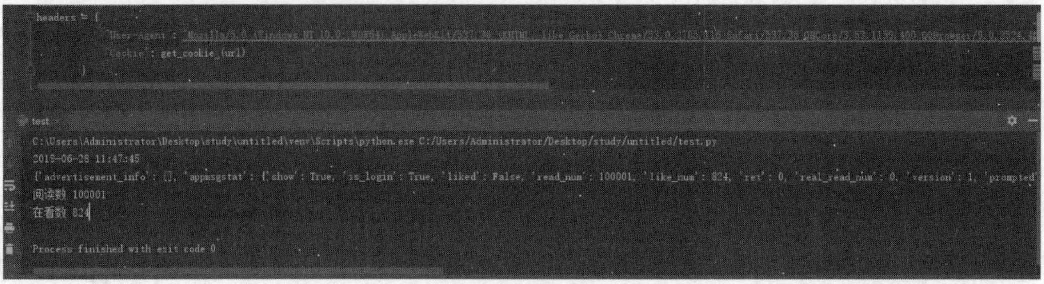

图 7-73 抓取过程

抓取完成后，打开存放微信公众号文章数据的 MySQL 数据库的 wechat_url_data 表，数据库展示抓取数据如图 7-74 所示。

count	scan_date	url_num	like_num	read_num
1	2019-06-01 00:22:22	00001	449	100001
2	2019-06-01 00:22:22	00004	57	4860
3	2019-06-01 00:22:23	00003	75	27704
4	2019-06-01 00:22:23	00002	587	76611

图 7-74 数据库展示抓取数据

本章习题

一、判断题

1. 要使用 requests 库不需要先安装。（   ）
2. Cookie 存在于客户端。（   ）
3. 只要安装 Selenium 就能够调用各种浏览器。（   ）
4. Selenium 是自动化测试工具。（   ）
5. Selenium 1.0 可以处理本机键盘和鼠标事件。（   ）
6. 面对各式各样的验证码，有着统一的方法能够解决。（   ）
7. 验证码验证不通过，网络爬虫将无法进行下一步数据采集。（   ）

二、填空题

1. Path_____指定与 Cookie 关联在一起的_____。
2. 服务器可以利用_____包含信息的任意性来筛选并经常性维护这些信息，以判断在_____传输中的状态。
3. OCR 在网络爬虫开发过程中的作用是_____。
4. 网络爬虫模拟登录的方式有：_____、_____（例举两种）。

5. 在使用 Selenium 调用 Chrome 驱动时，需要明确模拟浏览器的驱动格式_____编写。
6. Tesseract 是目前公认的_____、____开源 OCR 库。
7. Cookie 就是由_____发给_____的特殊信息，而这些信息以文本文件的方式存放在_____，然后_____每次向_____发送请求的时候都会带上这些特殊的信息。

三、简答题
1. 什么是 Cookie？
2. 什么是 Selenium？它在网络爬虫开发过程中有什么用途？
3. 验证码有何意义？
4. 简述宫格验证码的识别思路。
5. 简述输入式验证码的识别思路。

参考文献

[1] 黑马程序员. 解析 Python 网络爬虫：核心技术、Scrapy 框架、分布式网络爬虫[M]. 北京:中国铁道出版社，2018.

[2] 吕云翔，张扬，韩延刚，等. Python 网络爬虫从入门到精通[M]. 北京：机械工业出版社，2019.

[3] 张颖. Python 网络爬虫框架 Scrapy 从入门到精通[M]. 北京：北京大学出版社，2021.

[4] 张若愚. Python 科学计算[M]. 北京：清华大学出版社，2012.

[5] 史卫亚. Python 3.x 网络爬虫从零基础到项目实战[M]. 北京：北京大学出版社，2020.

[6] 明日科技. Python 网络爬虫从入门到实践[M]. 吉林：吉林大学出版社，2020.9

[7] 王宇韬，吴子湛，史靖涵. 零基础学 Python 网络爬虫案例实战全流程详解[M]. 北京：机械工业出版社，2021.

[8] 齐文光. 学 Python 网络爬虫实例教程[M]. 北京：人民邮电出版社，2018.

[9] 崔庆才. Python 3 网络爬虫开发实战[M]. 2 版. 北京：人民邮电出版社，2021.